普通高等院校信息类CDIO项目驱动型规划教材

丛书主编：刘平

Oracle数据库项目教程

宋杰 王震江 主编

张亚娜 曹鑫 尹树萍 刘玲惠 副主编

清华大学出版社

北 京

内 容 简 介

本书以真实的工作任务为载体组织教学内容,在真实的工作环境中介绍数据库的创建与设计过程。本书按照以下顺序传授知识与训练技能:体验数据库的应用→认识 Oracle 数据库的工作环境→体验 Oracle 10g 环境中常用的工具操作→数据库的创建与管理→数据表的创建与管理→管理索引和视图→SQL 编程语言→管理存储过程与触发器→数据库的安全管理。

本书采用"项目导向、任务驱动"教学法讲解知识与训练技能,体现了"在做中学、学以致用"的教学理念,强化操作技能的训练,提高学生的动手能力。

本书可作为高等院校计算机相关专业(如计算机科学与技术、计算机软件、计算机应用、信息管理、电子商务)的教材,也可作为计算机培训教材以及自学参考书。

图书在版编目(CIP)数据

Oracle 数据库项目教程/宋杰,王震江主编. --北京:清华大学出版社,2015 (2016.8 重印)
普通高等院校信息类 CDIO 项目驱动型规划教材
ISBN 978-7-302-38976-7

Ⅰ. ①O…　Ⅱ. ①宋…　②王…　Ⅲ. ①关系数据库系统－高等学校－教材　Ⅳ. ①TP311.138

中国版本图书馆 CIP 数据核字(2015)第 005762 号

责任编辑:付弘宇　王冰飞
封面设计:常雪影
责任校对:焦丽丽
责任印制:李红英

出版发行:清华大学出版社
　　　　　网　　　址:http://www.tup.com.cn,http://www.wqbook.com
　　　　　地　　　址:北京清华大学学研大厦 A 座　　　　邮　　编:100084
　　　　　社　总　机:010-62770175　　　　　　　　　　邮　　购:010-62786544
　　　　　投稿与读者服务:010-62776969,c-service@tup.tsinghua.edu.cn
　　　　　质　量　反　馈:010-62772015,zhiliang@tup.tsinghua.edu.cn
　　　　　课　件　下　载:http://www.tup.com.cn,010-62795954
印　刷　者:北京富博印刷有限公司
装　订　者:北京市密云县京文制本装订厂
经　　销:全国新华书店
开　　本:185mm×260mm　　　印　　张:18　　　字　　数:440 千字
版　　次:2015 年 4 月第 1 版　　　　　　　　　　印　　次:2016 年 8 月第 2 次印刷
印　　数:2001~3000
定　　价:34.50 元

产品编号:062991-01

前　言

　　数据库已经成为现代信息社会的重要工具,Oracle 数据库自发布以来就展现了其强大的生命力。目前,Oracle 数据库已成为全世界最强大、应用最为广泛的数据库系统,市场占有率接近 50%。因为其强大的功能和在数据库领域独特的优势,越来越多的企业首选 Oracle 数据库作为信息化过程中的数据库工具。同时,越来越多的 IT 从业人员也开始走向 Oracle 数据库的学习和开发之路。

　　近年来,图书市场上出版了大量的 Oracle 数据库方面的图书,其中不乏一些精品图书。但这些图书大多以引进版权的高端翻译图书为主,要找一本适合高等院校学生学习 Oracle 数据库的图书不太容易。为此,编者花费了大量时间和精力撰写本书,意在为Oracle 数据库初学者提供一些学习上的帮助,让他们能在最短的时间内跨入 Oracle 数据库的大门。

　　本书从初学者的角度出发,用浅显易懂的语言和翔实的图例讲解,循序渐进地介绍Oracle 数据库入门的重点知识。书中的内容大多是编者对多年 Oracle 数据库的实际应用以及与企业合作开发经验的总结,对于刚开始学习 Oracle 数据库的读者来说有很好的启发作用。如果能够系统地掌握本书中的内容,就可以基本掌握 Oracle 数据库应用与开发中最重要的入门知识,也能满足 Oracle 数据库应用与开发相关工作的基本要求,希望本书能助您一臂之力。

　　本书主要内容如下:

　　项目 1 介绍数据库职业岗位需求及本书的教学任务;

　　项目 2~项目 7 介绍 Oracle 数据库的基本知识;

　　项目 8 介绍 SQL 编程语言;

　　项目 9 和项目 10 介绍数据库的高级操作。

　　每一个项目都包含了若干项任务,学生通过完成相应的任务来掌握数据库的知识点。

　　大多数任务由该任务需要达到的核心能力(例如能够熟练运用 OEM 方式和CREATE 语句创建用户)、任务完成过程(例如怎样用 OEM 方式创建用户)、课堂同步训练、课外拓展训练组成,重点项目后还安排了相关的实训,以帮助读者灵活地运用所

学知识,更好地掌握相关知识点。

　　本书形式新颖、图文并茂、内容丰富、重点突出、通俗易懂,书中项目还提供了丰富的实例和习题,同时提供了相应的多媒体课件(PPT 格式)。本书可作为高等院校计算机相关专业的教材,也可作为计算机应用软件开发人员的参考书,并适合广大计算机技术爱好者自学使用。

　　本书由昆明学院的宋杰和王震江担任主编,石家庄信息工程职业学院的张亚娜、曹鑫、尹树萍、刘玲惠担任副主编,石家庄信息工程职业学院的刘伯华和路遥参与了本书的编写工作,全书由张亚娜统稿,石家庄信息工程职业学院的贺宏负责审核,昆明学院的康大伟参与了书稿的审核工作,书中的英文参考资料由昆明学院外国语学院的宋青翻译整理。

　　石家庄博士德软件科技开发有限公司的楚立恒总工程师为本书提供了部分实例和数据,在此表示感谢。

　　由于编者水平有限,书中难免存在不足之处,恳请广大读者批评指正。

　　本书的配套 PPT 课件等相关资源可以从清华大学出版社网站 www. tup. com. cn 下载,本书及课件的相关问题请发邮件至 fuhy@tup. tsinghua. edu. cn。

编　者

2015 年 1 月

于昆明学院

目 录

Oracle数据库项目教程

项目 1 课程定位与职业岗位需求分析

【教学导航】

	能力(技能)目标	知识目标	情感目标
教学目标	对 Oracle 数据库课程的认识	教学任务与技能训练体系说明	① 团队合作精神; ② 独立完成任务的能力
教学重点	认识 Oracle 数据库课程		
教学难点	职业岗位需求分析		
课时建议	2		

能力训练任务及案例	项目 1.1 课程定位与教学任务介绍
	  任务 1-1 课程定位与设置
	  任务 1-2 教学任务介绍
	项目 1.2 职业岗位需求分析		

  本书以真实的工作任务为载体组织教学内容,在真实的工作环境中介绍数据库的创建和设计过程。在讲解数据库知识和训练操作技能的过程中遵循学生的认知规律,由浅入深,以提高学生的学习效率。本书采用"项目导向、任务驱动"教学法讲解知识与训练技能,体现了"在做中学、学以致用"的教学理念,融"教、学、练、思"于一体,适用于理论、实践一体化教学。

项目 1.1 课程定位与教学任务介绍

任务 1-1 课程定位与设置

表 1-1 所示为本任务的任务卡。

表 1-1　课程定位与设置

任务编号	1-1	任务名称	课程定位与设置
计划课时	1	所属项目名称	课程定位与职业岗位需求分析
任务重点	① 课程定位； ② 课程设置		
任务难点	课程设置（教学目的和教学重点）		
教学方法	分析法、统计法		
任务描述	课程定位与设置		

【核心能力】

能认识课程的合理定位与课程设置。

【任务完成过程】

1. 课程定位

本课程是高校计算机专业教学中重要的必修课程，是校企合作开发的基于工作过程的课程。通过对计算机行业企业的调研了解，对数据库相关职业岗位的知识、技能和素质需求的分析，同时结合学生的认知规律和专业技能的形成规律，为了使学生能够熟练地掌握数据库的基本理论和开发技术，高校一般选用 MySQL、SQL Server 和 Oracle 三种主流数据库管理系统作为教学内容，本课程的先修课程为"数据库原理"、"C 语言程序设计"，后续课程为"网络数据库"、"信息系统开发"和毕业设计。开设本课程的目的是使学生通过对该课程的学习能进行数据库的需求分析和设计、使用、维护和管理，使学生掌握大型数据库 Oracle 的架构、组件和安全性方面的知识，具备一定的大型数据库开发基础，掌握大型数据库的管理和实现方法。

本书选用 Oracle 10g 作为平台，主要介绍数据库开发的基本知识和技能，包括数据库的设计与创建、数据表的操作、数据查询、数据库常用对象的创建与使用、数据库的安全管理等内容，使学生在认知和实际操作上对数据库有一个整体认识，并掌握数据库应用系统开发的基本技术和应用技能，能够撰写和阅读数据库文档，能与团队的其他成员交流合作，会自主分析、解决问题，能够自学。

2. 课程设置

课程设置包括课程的教学目的和教学重点。

1) 教学目的

(1) 熟练掌握 DBCA、OEM、SQL * Plus、iSQL * Plus 的使用。

(2) 熟练掌握管理数据库、表空间、表和视图的操作。

(3) 熟练掌握管理数据完整性和索引的操作。

(4) 熟练掌握 SQL 语言的常用语法与应用。

(5) 熟练掌握存储过程、存储函数与触发器的操作。

(6) 掌握对用户、角色和概要文件的管理。

(7) 体验项目中的 Oracle 数据库访问与应用技术。

2) 教学重点

(1) 管理数据库。

（2）管理数据库对象。

（3）SQL 语言的常用语法与应用。

任务 1-2 教学任务介绍

表 1-2 所示为本任务的任务卡。

表 1-2 教学任务介绍

任务编号	1-2	任务名称	教学任务介绍
计划课时	1	所属项目名称	课程定位与职业岗位需求分析
任务重点	各任务实施介绍		
任务难点	了解数据库应用与设计过程		
教学方法	分析法、统计法		
任务描述	了解数据库设计		

【核心能力】

了解数据库应用与设计过程。

【任务完成过程】

介绍如何利用 Oracle 10g 管理和维护数据。首先从基本的数据库管理出发，全面介绍 Oracle 10g 数据库的存储、安全、维护等必备管理技术；然后通过实例介绍 Oracle 10g 数据库开发技术，让学生在实践中逐步掌握较复杂、较抽象的知识点，并结合实际应用讲解数据库实例的开发过程。本书大部分项目配有相应的习题、较实用的案例和实训，让学生提高对基础知识的掌握，并注意应用能力和创新意识的全面培养与提高。本书的教学任务一览表见表 1-3。

表 1-3 教学任务一览表

任务名	任务重点、难点	任务描述
任务 2-1	① 实体的选择； ② E-R 图的设计	根据用户的情况选择合适的实体，并进行 E-R 图的设计
任务 2-2	① E-R 图向关系模式的转化； ② 设计关系模式	根据设计好的 E-R 图转化为关系模式
任务 3-1	① Oracle 基本知识； ② Oracle 的特点； ③ Oracle 的发展	了解 Oracle 的基础知识
任务 3-2	Oracle 系统的特点	了解 Oracle 系统的特点
任务 3-3	① Oracle 认证的种类； ② Oracle 认证适合的人群	了解 Oracle 认证
任务 3-4	安装 Oracle	掌握 Oracle 的安装过程
任务 4-1	① DBA 的概念； ② DBA 的职责	数据库管理员的概念和系统数据库管理员的职责
任务 4-2	① 登录 OEM； ② OEM 的功能介绍	登录并使用 OEM 管理数据库
任务 4-3	① 启动数据库配置助手； ② 关闭数据库配置助手	掌握数据库配置助手的使用

任务名	任务重点、难点	任务描述
任务 4-4	① 在 Windows 环境下运行 SQL＊Plus； ② 使用命令行运行 SQL＊Plus； ③ 在 Windows 环境下运行 iSQL＊Plus； ④ 使用命令行运行 iSQL＊Plus	运行 SQL＊Plus 与 iSQL＊Plus
任务 5-1	数据库的创建	根据用户的情况创建 student 数据库
任务 5-2	查看数据库的详细信息	根据用户的情况查看 student 数据库的信息
任务 5-3	启动和关闭数据库	启动和关闭 student 数据库
任务 5-4	删除数据库	根据用户的情况删除 student 数据库
任务 5-5	① 表空间的创建； ② 表空间的修改； ③ 表空间的删除	根据用户的情况创建、修改表空间和删除表空间
任务 6-1	① 使用 Enterprise Manager 创建表； ② 使用 CREATE TABLE 语句创建表	根据表的结构创建表
任务 6-2	① 使用 Enterprise Manager 修改表； ② 使用 ALTER TABLE 语句修改表	按要求修改表结构
任务 6-3	① 使用 Enterprise Manager 删除表； ② 使用 DROP TABLE 语句删除表	删除指定的表
任务 6-4	① 使用 Enterprise Manager 实现实体完整性； ② 使用 ALTER TABLE、CREATE TABLE 语句中的 PRIMARY KEY 子句实现完整性； ③ PRIMARY KEY 子句的用法	实现 student 表的主键约束
任务 6-5	① 使用 Enterprise Manager 实现参照完整性； ② 使用 ALTER TABLE、CREATE TABLE 语句中的 FOREIGN KEY 子句实现完整性； ③ FOREIGN KEY 子句的用法	实现 student 表的外键约束
任务 6-6	① 使用 Enterprise Manager 实现参照完整性； ② 使用 ALTER TABLE、CREATE TABLE 语句中的 NOT NULL、UNIQUE、CHECK 短语实现完整性； ③ CHECK 短语的用法	实现 student 表的列值非空、列值唯一、检查约束
任务 6-7	数据插入语句	根据用户的实际情况向表中插入相关数据
任务 6-8	数据更新语句	根据用户的实际情况在表中更新相关数据
任务 6-9	数据删除语句	根据用户的实际情况在表中删除相关数据
任务 7-1	① 在 student 表中创建索引； ② 在 student 表中修改索引； ③ 在 student 表中删除索引	根据需要在 student 表中创建、修改和删除索引

续表

任务名	任务重点、难点	任务描述
任务 7-2	① 在 student 数据库中创建视图； ② 在 student 数据库中修改视图； ③ 在 student 数据库中删除视图	根据需要在 student 数据库中创建、修改和删除视图
任务 8-1	使用命令方式完成基本查询	根据用户需求进行数据查询
任务 8-2	使用命令方式完成连接查询	根据用户需求进行数据查询
任务 8-3	使用命令方式完成子查询	根据用户需求进行数据查询
任务 9-1	使用命令方式创建存储过程	根据用户需求创建存储过程
任务 9-2	使用命令方式执行存储过程	根据用户需求执行存储过程
任务 9-3	使用命令方式维护存储过程	根据用户需求，进行存储过程的维护
任务 9-4	使用命令方式创建触发器	根据用户的实际情况创建触发器
任务 9-5	使用命令方式维护触发器	根据用户的实际情况维护触发器
任务 10-1	① 用户的创建； ② 用户的管理	根据用户的情况选择合适的用户，并进行管理
任务 10-2	用户的查看、修改与删除	对任务 10-1 中建立的用户进行修改、删除等操作
任务 10-3	创建角色	根据用户的情况创建合适的角色
任务 10-4	角色的查看	查看创建的角色
任务 10-5	概要文件的创建	根据用户的情况创建概要文件
任务 10-6	为用户分配概要文件	对创建的概要文件进行修改、删除

项目 1.2　职业岗位需求分析

学生应进行市场调研和职业岗位需求分析，了解市场对该课程的知识、技能等方面的具体要求，课程定位是否准确，应用面是否广泛，内容是否新颖，从而明确学习目标，提高学习兴趣。

1. 数据库岗位调查情况

通过对多场人才交流会及"前程无忧"、"智联招聘"等专业机构的上万份招聘信息筛选，同时对多家公司的相关开发职业岗位进行调查分析，这里将有代表性的招聘信息列举如下。

1）数据库管理员的招聘信息

岗位职责：日常维护公司现有的数据库系统，包括数据发布、采集、ETL 等操作；针对前段应用做存储过程和视图等数据归纳和过滤的工作；对新的业务数据库有设计、开发、部署能力。

职位要求：

（1）计算机或工科专业本科以上学历。

（2）3 年以上计算机行业工作经验，两年以上 DBA 或者数据库开发经验。

（3）熟悉 SQL Server 系列数据库的安装部署，熟悉 MySQL 或 Oracle 数据库者优先。

（4）有较强的 SQL 编程经验，有数据库调优方面的经验和成功案例。

（5）有数据仓库经验或者金融行业数据库管理经验者优先。

2）数据库开发主管的招聘信息

岗位职责：

（1）业务数据库整体架构设计，数据库系统部署方案的设计和实施。

（2）优化数据库建设方案，分析和优化数据库的性能，对应用程序进行审查，对影响性能的程序提出修改建议。

（3）数据统计查询、日志管理和相关程序开发工作。

（4）数据库归档/备份/恢复策略的设计、实施和检查，并配合应用系统的升级对数据库服务器系统进行升级、迁移。

（5）负责公司内部局域网/广域网平台的运行监控，维护网络系统安全，保证服务器及网络安全、稳定地运行。

（6）负责服务器、防火墙、交换机、网络存储及磁带库等硬件设备管理。

职位要求：

（1）本科学历，计算机相关专业，5 年以上相关工作经验。

（2）熟悉 MsSQL/MySQL/Oracle 等主流数据库的开发及维护，拥有完整开发数据库项目的经验。

（3）熟悉流行的数据库建模工具的使用，精通 SQL 语言，掌握数据库脚本的开发。

（4）拥有数据库移植/数据整合/数据库性能调优等经验，能完成数据库的优化、压缩、日志整理等工作。

（5）具备数据库安装、调试、分析、备份恢复策略部署的能力。

（6）熟悉 TCP/IP 网络架构，熟练服务器、路由器、三层交换机、防火墙等网络设备的设置工作。

（7）熟悉主流厂商的存储及备份设备，能完成存储的配置工作。

（8）动手能力强，具有良好的沟通能力和执行力，以及较强的服务意识及团队协作精神。

3）管理软件开发人员的招聘信息

职位描述：从事 Web 应用系统开发工作。

职位要求：

（1）责任心强，工作积极主动，团队合作意识强。

（2）具有两年以上 Windows 平台 Java/C/C++ 项目开发实施工作经验，熟悉 Windows API 编程。

（3）熟练使用 Java、JSP 编程，有 Spring/Hibernate/Struts 开发经验，熟练使用 JavaScript 进行 Ajax 程序的开发。

（4）熟悉 MsSQL Server 或 Oracle，能够编写触发器和存储过程。

（5）熟悉软件技术文档的编写，有良好的文档编写习惯和代码书写规范。

（6）熟练使用 Rose、PD、Visio 等工具。

4）数据库程序开发工程师的招聘信息

职位职能：数据库工程师/管理员。

岗位要求：

（1）大学本科以上学历，有丰富的主机与操作系统管理、数据库管理、存储管理与规划、安全管理与规划经验，诚恳、踏实、谨慎细致，对工作充满热情，具有优秀的学习能力、优秀的沟通能力与组织协调能力，并具有良好的自律意识和上进心。

（2）精通 Linux、Windows 操作系统，精通任意一种主流数据库（如 Microsoft SQL Server/MySQL）的开发和配置，熟悉数据库架构的理论和实践。

（3）精通网络存储系统的设计与规划工作，可根据业务发展情况设计系统存储备份、灾难恢复方案，并制定未来的存储需求计划。

（4）精通数据库的结构设计、存储过程的开发，精通数据库性能的优化与调整以及数据库核心参数的设置与调整。

岗位职责：

（1）负责公司目前开发的大型网络游戏数据库的架构和设计，研究在线人数频繁进行DB 访问的情况下如何降低数据库服务器的压力，提高访问性能。

（2）根据在线游戏的特点，在性能、安全、稳定性的要求下设计相关的数据库表格、索引机制，开发存储过程代码。

（3）对数据库系统进行日常维护、性能调优。

（4）根据在线游戏的特点设计游戏数据的存储备份、镜像、迁移、合并方案，保证游戏数据绝对安全。

（5）协助 WebDB 开发人员和游戏程序开发人员进行开发。

职位要求：

（1）计算机相关专业，本科以上学历。

（2）精通数据库设计和编程，包括表、视图、存储过程、触发器、索引等相关技术。

（3）3 年以上大型数据库性能优化、同步等方面的开发和管理经验。

（4）精通数据仓库技术，全面掌握 DW、BI 各项技术。

（5）精通主流数据仓库软件和工具，有大型数据仓库软件项目的总体设计、开发、技术实施经验。

（6）具备一定的项目管理能力。

（7）熟悉.NET 架构及 C#编程者和有数据库相关证书者优先。

5）软件开发工程师的招聘信息

主要职责：

（1）本地平台的日常维护工作，包括日常运维监控、数据统计分析、对账处理，并保障本地平台的正常运行。

（2）本地平台的商户接入及联调，即本地远程商户和现场商户接入的技术支持和联调、上线支持。

（3）配合总部技术部进行本地平台的二级开发工作和本地业务系统的开发工作。

（4）做好与移动信息技术部的沟通、与合作商户技术人员的沟通，以配合区域落实相关业务需求。

任职资格：

（1）计算机或者相关专业本科以上学历，3 年以上 Java 软件开发经验。

（2）熟悉 Java 语言以及计算机网络等基础知识。

（3）熟悉标准 SQL 语句的编写，具有 DB2 数据库开发或管理经验。

（4）熟悉 UNIX/Linux 操作系统，具备一般脚本的编写能力。

（5）有一定的客户沟通能力、需求分析和设计能力。

（6）了解移动和金融系统在移动支付方面的相关技术、业务流程。

（7）具有较好的文档撰写习惯以及文字表达能力。

（8）工作积极主动，具有强烈的责任心、事业心，具有良好的沟通能力、团队配合精神，能够在工作压力下顺利地完成工作。

6）Java 软件开发工程师的招聘信息

职位描述：

（1）计算机、通信、数学或者相关专业大专以上学历。

（2）熟悉数据库编程，至少掌握 DB2/Oracle/Sybase/MySQL 其中之一。

（3）工作严谨细致，有耐心和责任心。

（4）肯钻研、学习能力强，善于分析、思考问题。

（5）具有良好的沟通表达能力、团队协作能力和客户服务意识。

7）网站程序员的招聘信息

人员要求：

（1）一年以上企业网站开发经验。

（2）本科以上学历，计算机软件、通信、电子及相关专业，有扎实的软件基础知识。

（3）熟悉 ASP、PHP、HTML、XML、MySQL、JS 等与网站开发相关的内容以及安全预防（SQL 注入等）工作。

（4）Web 服务器配置，熟练 Div＋CSS、JavaScript、Ajax。

（5）熟练使用网页制作工具。

（6）能独立对网站代码的相应功能模块进行修改。

（7）有网站开发经验，有比较完整的网站作品者优先考虑。

（8）了解 SEO，有网站优化经验者优先。

（9）了解影视知识者优先。

（10）熟悉并热爱互联网行业，有钻研创新精神、较强的沟通能力、优秀的学习能力和团队协作精神。

（11）有良好的职业素质、合作意识和团队精神。

主要职责：

（1）负责影视公司网站的日常维护。

（2）配合各部门及时对网站内容进行修改。

（3）对网页代码进行优化以及推广网站。

（4）负责网站页面优化及网站功能的实现。

（5）完成领导分配的其他相关任务。

2．岗位调查统计分析

入职人员应具备以下基本素质和工作态度，并具有较强的责任心以及良好的沟通能力和学习能力：

(1) 具有主观能动性、团队合作精神和强烈的事业心。

(2) 较强的敬业精神、创新精神，以及开拓意识及自我规范能力。

(3) 强烈的客户服务意识、较强的理解能力，能够在压力下独立完成工作。

(4) 负责安装数据库及数据库性能的监控、性能优化与升级。

(5) 进行数据库服务的有效监控、容量规划和实施。

(6) 进行项目数据库结构的更改、跟踪、订正。

(7) 负责数据库备份与测试、数据库安全。

(8) 精通数据库管理与优化。

随着 IT 对企业业务影响的深入，企业所面临的安全问题日益突出，数据安全成了企业 CIO 们关注的热点之一。对数据库的安全审计也成为企业保障数据安全不可或缺的重要一环。2012 年 6 月，我们针对企业 CIO、项目经理、DBA 等 200 多位企业 IT 专业人员进行了数据库安全审计用户需求调查。在我们收集到的 200 多份调查问卷中，超过 40% 的企业用户认为数据库面临的最主要的安全问题是内部人员的违规操作。

本次调查的主要结论如下：

(1) 超过 80% 的被调查企业用户认为内部人员的违规操作是目前数据库面临的最主要的安全问题。

(2) 在最有价值的数据库安全产品调查中，数据灾备和数据库审计都占到了 76% 以上。

(3) 75% 的被调查企业用户正在使用或正在考虑使用数据库安全审计产品。

(4) HTTP 是企业业务系统的主要访问方式，占被调查企业用户的 65%。

(5) 对于网络型数据库审计产品的部署方式，50% 的企业用户选择了旁路接入。

(6) 在数据库审计产品用户最看重的技术指标调查中，审计协议的全面性占 24%，审计规则定义的细粒度占 22%，审计日志存储容量占 16%，日志记录速度占 18%，审计日志的检索方便性占 19%，可以看出企业用户对这些技术指标是同样重视的。

(7) 在部署数据库安全产品环节企业用户最大的顾虑调查中，企业用户对影响数据库性能、稳定性、保密性，以及数据库安全产品本身的安全性和稳定性同等重视。

(8) 80% 的被调查企业用户认可第三方的独立数据库审计。

很多用户都在顾虑数据库审计产品对数据库的影响，在我们的调查中也体现出了这一点：72% 的企业用户表示对数据库审计产品最大的顾虑就是对数据库性能的影响；其次，对数据库稳定性的影响排在第二位，占到 67%；最后才是对数据库审计产品本身的安全性和稳定性的考虑以及对数据保密性的影响，分别占到 65% 和 54%，如图 1-1 所示。

根据调查结果，超过 80% 的企业用户认为数据灾备是最有价值的数据库安全产品，其次是数据库审计，占 76%，接下来依次是数据库入侵防护(55%)、数据加密(48%)、数据库漏洞扫描(39%)、数据库防火墙(35%)，如图 1-2 所示。数据对一个企业的重要性是不言而喻的，数据灾备、数据加密等安全措施是必不可少的，但我们却惊喜地发现数据库审计也被大家提到了如此重视的程度。

调查显示，Oracle 数据库依然是各行业用户中使用最广泛的数据库产品，占到数据库产品的 61% 的比重，SQL Server 数据库占 15%，MySQL 数据库占 12%，DB2 数据库占 5%，各数据库应用情况如图 1-3 所示。可以看出，Oracle 数据库目前依然占据着主要的市场份额，目前主流的数据库审计产品也都对 Oracle 数据库支持。由于我们调查的数据的片

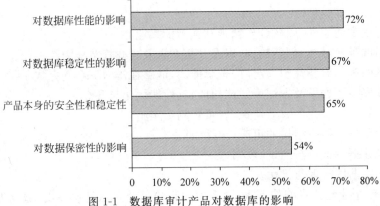

图 1-1　数据库审计产品对数据库的影响

面性,在这里没有体现出国产数据库的使用比例,但根据行业反馈,国产数据库在国内还是有一定市场的,主流的数据库审计产品在对 Oracle 支持的同时对其他数据库也是支持的,特别是国产数据库。

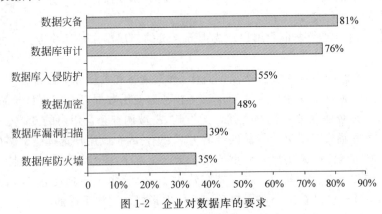

图 1-2　企业对数据库的要求

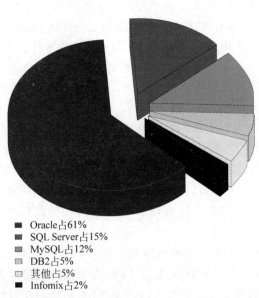

■ Oracle占61%
■ SQL Server占15%
□ MySQL占12%
□ DB2占5%
□ 其他占5%
■ Infomix占2%

图 1-3　各数据库的应用情况

项目2 数据库基础知识

1970 年, IBM 的研究员, 有"关系数据库之父"之称的埃德加·弗兰克·科德(Edgar Frank Codd)博士在刊物 *Communication of the ACM* 上发表了题为 *A Relational Model of Data for Large Shared Data banks*(大型共享数据库的关系模型)的论文, 文中首次提出了数据库的关系模型的概念, 奠定了关系模型的理论基础。后来, Codd 又陆续发表多篇文章, 论述了范式理论和衡量关系系统的 12 条标准, 用数学理论奠定了关系数据库的基础。IBM 的 Ray Boyce 和 Don Chamberlin 将 Codd 关系数据库的 12 条准则的数学定义以简单的关键字语法表现出来, 里程碑式地提出了 SQL 语言。由于关系模型简单明了、具有坚实的数学理论基础, 所以一经推出就受到了学术界和产业界的高度重视和广泛响应, 并很快成为数据库市场的主流。自 20 世纪 80 年代以来, 计算机厂商推出的数据库管理系统几乎都支持关系模型, 数据库领域当前的研究工作大多以关系模型为基础。

【教学导航】

	能力(技能)目标	知识目标	情感目标
教学目标	① 能够理解关系数据库含义; ② 能够理解关系数据库中的相关术语; ③ 掌握 E-R 图; ④ 能够根据 E-R 图转化为关系表	① 明白关系数据库; ② 了解关系数据库的相关术语; ③ 掌握 E-R 图的设计方法; ④ 掌握 E-R 图转化为关系表的方法	① 团队合作精神; ② 站在用户角度考虑问题的思想; ③ 独立完成任务的能力
教学重点	E-R 图的设计, 将 E-R 图转化为关系表的方法		
教学难点	将 E-R 图转化为关系表的方法		
课时建议	12		
能力训练任务及案例	项目 2.1　关系数据库概述 项目 2.2　数据库设计 　　任务 2-1　设计学籍管理系统的概念结构 　　任务 2-2　设计数据库的逻辑结构		

项目 2.1　关系数据库概述

关系数据库(Relational Database)是一组拥有正式描述的表格,这些表格用于组织数据项,这些表格中的数据能以许多不同的方式被存取或重新召集而不需要重新组织数据库表格。

标准用户和应用程序到一个关系数据库的接口是结构化查询语言(SQL)。SQL声明被用来交互式查询来自一个关系数据库的信息和为报告聚集数据。

除了相对容易创建和存取之外,关系数据库具有容易扩充的重要优势。在最初的数据库创建之后,一个新的数据种类能被添加而不需要修改所有的现有应用软件。

一个关系数据库是包含进入预先定义的种类之内的一组表格。每个表格(有时被称为一个关系)包含用列表示的一个或更多的数据种类。每行包含一个唯一的数据实体,这些数据是被列定义的种类。举例来说,典型的商业订单条目数据库会包括一个用列表示的描述一个客户信息的表格:名字、住址、电话号码等;另外的一个表格会描述一个订单:产品、客户、日期、销售价格等。

当定义一个关系数据库的时候,用户能定义表中数据的取值范围,也能定义数据值的约束条件。举例来说,工资的取值范围是大于等于零,性别的约束条件为只允许出现“男”和“女”两个值。

1. 数据库的关系模型

1) 概念

关系模型是用二维表的形式表示实体和实体间联系的数据模型。关系数据模型提供了关系操作的特点和功能要求,但不对DBMS的语言给出具体的语法要求。对关系数据库的操作是高度非过程化的,用户不需要指出特殊的存取路径,路径的选择由DBMS的优化机制来完成。

关系模型由关系数据结构、关系数据操作和关系数据完整性约束3个部分组成。

(1) 关系数据结构:数据结构是所研究的对象类型的集合。这些对象是数据库的组成部分,它们包括两类,一类是与数据类型、内容、性质有关的对象;另一类是与数据之间的联系有关的对象。

关系模型的数据结构比较单一,均用二维表来表示。从用户的角度来看,关系模型的逻辑结构就是一张由“行”与“列”组成的二维表格(Table,表)。

数据结构用于描述系统的静态特征。

(2) 关系数据操作:数据操作是指对数据库中的各种数据对象允许执行的操作的集合,包括操作和操作规则,关系模型中常用的关系操作分为选择(Select)、投影(Project)、连接(Join)、除(Divide)、并(Union)、交(Intersection)、差(Difference)等查询(Query)操作和增加(Insert)、删除(Delete)、修改(Update)操作两大部分。查询的表达是其中最重要的部分。

数据操作用于描述系统的动态特征。

(3) 关系数据完整性约束:数据约束是一组完整性规则的集合,关系模型允许定义三类完整性约束,即实体完整性、参照完整性和用户定义的完整性。其中,实体完整性和参照完整性是关系模型必须满足的完整性约束条件,体现了具体领域中的语义约束。

2) 特点

关系模型和层次模型、网状模型相比,有以下特点:

(1) 数据结构简单(用二维表格表示)。

(2) 采用集合运算。

(3) 数据完全独立,只需要告诉系统"做什么",而不需要指出"怎么做"。另外,程序和数据各自独立。

(4) 数学理论支持,有集合论、数理逻辑作为其基础,也能够以数学理论为依据对数据进行严格的定义、运算和规范化。

2. 关系数据库

目前,数据库研究人员已经证明,关系数据库是存储和检索数据的最有效的方法。为了真正做到有效,需要仔细设计数据库。关系数据库的基本组件是表。E. F. Codd 建立了这种方法,使用"关系"这一术语来表示"表"这个概念,因此,现在的数据库我们称之为关系数据库。

关系数据库是建立在关系模型基础上的数据库,借助于集合代数等概念和方法来处理数据库中的数据。Oracle 是 Oracle 公司开发的,该公司的中文名称叫甲骨文公司;DB2 是 IBM 公司开发的,该公司的中文名称是国际商务机器公司。目前主流的关系数据库还有微软公司的 SQL Server,Sybase 公司的 Sybase,英孚美软件公司的 Informix 以及免费的 MySQL 等。

1) 关系

关系是满足一定条件的二维表。在关系模型中,无论概念世界中的实体还是实体之间的联系均由关系(二维表)来表示,并且满足以下特征:

(1) 关系(表)的每一元组(行)定义实体集的一个实体,每一列定义实体的一个属性。

(2) 每一列只能表示一个属性,且列名不能重复。

(3) 关系必须有一个主码(即关键字),用来唯一标识一个元组(行),即实体。

(4) 列的每个值必须与对应属性的类型相同。

(5) 列是不可分割的最小数据项。

(6) 行、列的顺序无关紧要。

例如,表 2-1 所示的职工表(staff)和表 2-2 所示的部门表(department)就代表了两个关系。

表 2-1　关系 staff(职工表)

sid	sname	ssex	sbirthday	did	sphone
1000001	赵叶娜	女	12/01/70	90001	89001
2000002	李　军	男	04/15/73	90002	89002
2000003	张　云	女	05/05/69	90005	89005
3000004	刘志学	男	11/06/70	90001	89001
4000005	孙　亮	男	08/23/71	90006	89006
5000006	李建国	男	09/28/72	90003	89003

关系 staff 描述的是概念世界中的职工实体。

表 2-2　关系 department(部门表)

did	dname	dperson	dlocation
90001	办公室	赵叶娜	实训一楼
90002	软件开发部	李　军	实训二楼
90003	市场部	李雪言	实训三楼
90004	后勤部	腾　远	实训四楼
90005	策划部	李建国	实训五楼
90006	技术支持部	连　纳	实训六楼

关系 department 描述的是概念世界中的部门实体,而关系 wage 则表示了概念世界中的职工工资,如表 2-3 所示。

表 2-3　关系 wage(职工工资表)

sid	did	basic	subsidy	realwage
1000001	90001	1000	200	1200
2000002	90002	1200	300	1500
2000003	90003	1000	200	1200
3000004	90004	1500	500	2000
4000005	90005	2000	1000	3000
5000006	90006	1800	800	2600

2) 信息处理的过程

在信息管理中需要将现实世界的事物及其有关特征转换为信息世界的数据才能对信息进行处理,这种转换需要经历从现实到概念模型,从概念模型到逻辑模型,从逻辑模型到物理模型的转换过程。表 2-4 所示为数据库开发过程中的数据模型变化关系。

表 2-4　数据模型变化关系

现实世界	概念世界	逻辑世界	计算机世界
张三	个体	实体	记录
客户	整体	同质	表(文件)
信用	特性	属性	列(字段、数据项)
客户与产品	整体间联系	异质整体	数据库

3) 关系中的术语

(1) 关系:即一张二维表,每个关系均有一个关系名。例如职工表(staff)。

(2) 元组:即表中的一行,描述一个实体或联系。例如表 2-1 中的第 4 条记录 "3000004,刘志学,男,11/06/70,90001,89001"。

(3) 属性:表中的各列,需要为每一个属性起一个名字,即属性名。例如表 2-1 中的 sid、sname 列等。

(4) 属性值:即表中的各列对应的数据,描述实体或联系的特征。例如表 2-1 中属性列 sname 的值有赵叶娜、李军、张云等。

（5）域：属性的取值范围，即不同的元组对同一个属性的取值所限定的范围。例如表2-1中sbirthday的取值范围是合法的日期，ssex的取值范围是男和女。

（6）候选码（Candidate Key）：如果关系中的某一属性或属性组能够唯一标识一个元组，则称该属性或属性组为候选码。候选码可以有多个。例如关系staff中的属性sid，如果再增加一个属性身份证号码SIDnumber，则属性sid和属性SIDnumber都是候选码。

（7）主码（Primary Key，PK）：关系中的某个属性能够唯一确定一个元组，即确定一个实体，此属性便称为主码。一个关系中的主码只能有一个，主码也被称为码或关键字。例如关系staff中的属性sid，关系department中的did，关系wage中的属性组（sid，did）。

（8）外码（Foreign Key，FK）：一个关系中的属性不是本关系的主码，而是另外一个关系的主码，则称该属性或属性组是该关系的外码，也被称为外关键字。例如，关系staff中的did。

（9）关系模式：对关系的描述，一般为关系名（属性1，属性2，…，属性n）。

例如，某公司的职工及其基本情况的3个关系模式如下。

staff(sid，sname，ssex，sbirthday，did，sphone)

department(did，dname，dperson，dlocation)

wage(sid，did，basic，subsidy，realwage)

项目2.2 数据库设计

数据库设计是指对于一个给定的应用环境构造最优的数据库模式，建立数据库及其应用系统，有效地存储数据，以满足用户信息要求和处理要求。

数据库设计是建立数据库及其应用系统的技术，是信息系统开发和建设中的核心技术。由于数据库应用系统较复杂，为了支持相关程序的运行，数据库设计就变得非常复杂，因此最佳设计不可能一蹴而就，而只能是一种"反复探寻，逐步求精"的过程，也就是规划和结构化数据库中的数据对象以及这些数据对象之间关系的过程。

1. 数据库设计的方法

数据库设计常用的方法是新奥尔良方法（New Orleans）。它将数据库设计分为4个阶段，即需求分析（分析用户的需求）、概念结构设计（信息分析和定义）、逻辑结构设计（设计的实现）和物理结构设计（建立Oracle数据库）。E-R图模型的数据库设计方法、基于3NF的设计方法都是在数据库设计的不同阶段支持实现的具体技术和方法。

2. 数据库设计的步骤

按照新奥尔良方法，考虑数据库及其应用系统开发的全过程，将数据库设计分为以下4个阶段。

1）需求分析

进行数据库设计首先需要调查和分析用户的业务活动和数据的使用情况，弄清所用数据的种类、范围、数量以及它们在业务活动中交流的情况，确定用户对数据库系统的使用要求和各种约束条件等，形成用户需求规约。

2）概念结构设计

对于用户要求描述的现实世界（可能是一个工厂、一个商场或者一个学校等），通过对其中的属性进行分类、聚集和概括，建立抽象的概念数据模型，这就是概念结构设计。这个概念模型应反映现实世界各部门的信息结构、信息流动情况、信息间的互相制约关系，以及各部门对信息储存、查询和加工的要求等；所建立的模型应避开数据库在计算机上的具体实现细节，用一种抽象的形式表示出来。这里以扩充的实体—联系（E-R 模型）模型方法为例，第一步先明确现实世界各部门所包含的各种实体及其属性、实体间的联系以及对信息的制约条件等，从而给出各部门内所用信息的局部描述（在数据库中称为用户的局部视图）；第二步将前面得到的多个用户的局部视图集成为一个全局视图，即用户要描述的现实世界的概念数据模型。

3）逻辑结构设计

逻辑结构设计的主要工作是将现实世界的概念数据模型设计成数据库的一种逻辑模式，即适应于某种特定数据库管理系统所支持的逻辑数据模式。与此同时，可能还需要为各种数据处理应用领域产生相应的逻辑子模式。这一步设计的结果就是所谓的"逻辑数据库"。

4）物理结构设计

物理结构设计的主要工作是根据特定数据库管理系统所提供的多种存储结构和存取方法等，依赖于具体计算机结构的各项物理设计措施，对具体的应用任务选定最合适的物理存储结构（包括文件类型、索引结构和数据的存放次序与位逻辑等）、存取方法和存取路径等。这一步设计的结果就是所谓的"物理数据库"。

任务 2-1 设计学籍管理系统的概念结构

表 2-5 所示为本任务的任务卡。

表 2-5 任务卡

任务编号	2-1	任务名称	设计学籍管理系统的概念结构
计划课时	6	所属项目名称	数据库基础知识
任务重点	① 实体的选择； ② E-R 图的设计		
任务难点	E-R 图的设计		
教学方法	任务驱动法、分组讨论法、三步训练法、案例教学法		
任务描述	根据用户的情况选择合适的实体，并进行 E-R 图的设计		

【核心能力】

能够将调查到的用户数据抽象为数据结构，能够进行 E-R 图的设计。

【任务完成过程】

在了解了用户的信息处理要求和数据处理要求后，需要把用户的需求进一步抽象化，即进行概念结构设计，也是为用户建立模型的过程，主要通过 E-R 图来描述。

1．什么是概念结构设计

概念模型是数据库系统的核心和基础。各个计算机上实现的 DBMS 软件都是基于某种数据模型的,但是在具体计算机上实现的模型有许多严格的限制。现实应用环境是复杂多变的,如果把现实世界中的事物直接转换为计算机中的对象,非常不方便。因此,人们研究把现实世界中的事物抽象为不依赖于具体计算机的信息结构,又接近人们的思维,并具有丰富语义的概念模型,然后把概念模型转换为具体计算机上 DBMS 支持的数据模型。概念模型的描述通常使用 E-R 模型图,该模型不依赖于具体的硬件环境和 DBMS。

概念结构是对现实世界的一种抽象。所谓抽象是对实际的人、物、事和概念进行人为处理,抽取所关心的共同特性,忽略非本质的细节,并把这些特性用各种概念精确地描述,这些概念组成了某种模型。通过概念设计得到的概念模型是从现实世界的角度对所要解决的问题的描述,不依赖于具体的硬件环境和 DBMS。

在需求分析和逻辑设计之间增加概念设计阶段,可以使设计人员仅从用户的角度看待数据及处理要求和约束。

概念结构设计的任务是在需求分析阶段产生的需求说明书的基础上,按照特定的方法把它们抽象为一个不依赖于任何具体计算机的数据模型,即概念模型。概念模型使设计者的注意力能够从复杂的实现细节中解脱出来,而只集中在最重要的信息的组织结构和处理模式上。一般先画出组织的局部 E-R 图,然后将其合并,在此基础上进行优化和美化。

对数据库概念模型的要求如下:

(1) 有丰富的语义表达能力,能表达用户的各种需求。

(2) 易于交流和理解,从而可以用它和不熟悉计算机的用户交换意见。

(3) 要易于更改,当应用环境和应用要求改变时,概念模型要能很容易地修改和扩充以反映这种变化。

(4) 易于向各种数据模型转换。

按照上述要求,传统的数据模型(网状、层次和关系模型)都不适合作为概念模型。在数据库的概念设计中,通常采用 E-R 数据模型来表示数据库的概念结构。E-R 数据模型将现实世界的信息结构统一用属性、实体以及它们之间的联系来描述。

2．采用 E-R 方法的概念模型设计步骤

概念结构设计的第一步就是对需求分析阶段收集到的数据进行分类、组织(聚集),形成实体、实体的属性,标识实体的码,确定实体之间的联系类型($1:1$、$1:n$、$m:n$),设计出 E-R 图。

采用 E-R 方法进行概念设计,可分为三步进行:

1) 局部 E-R 模式设计

(1) 先选择某个局部应用,根据某个系统的具体情况在多层的数据流图中选择一个适当层次的数据流图作为设计分析 E-R 图的出发点。

由于高层的数据流图只能反映系统的概貌,而中层的数据流图能较好地反映系统中各局部应用的子系统组成,因此人们往往以中层数据流图作为设计分 E-R 图的依据。

17

（2）逐一设计分析 E-R 图

选择好局部应用之后，就要对每个局部应用逐一设计分析 E-R 图，也称局部 E-R 图。

在前面选好的某一层次的数据流图中，每个局部应用都对应了一组数据流图，局部应用涉及的数据都已经收集在数据字典中了。现在要将这些数据从数据字典中抽取出来，参照数据流图，标识局部应用中的实体，实体的属性，标识实体的码，确定实体之间的联系及其类型。

事实上，在现实世界中具体的应用环境常常对实体和属性已经做了大体的、自然的划分。在数据字典中，"数据结构"、"数据流"和"数据存储"都是若干属性有意义的聚合，就体现了这种划分。用户可以先从这些内容出发定义 E-R 图，然后再进行必要的调整。在调整中需要遵循的一条原则是：为了简化 E-R 图的处置，现实世界的事物能作为属性对待的，尽量作为属性对待。

注释：实体与属性之间并没有形式上可以截然划分的界限，但可以给出两条准则。

（1）作为"属性"，不能再具有需要描述的性质。"属性"必须是不可分的数据项，不能包含其他属性。

（2）"属性"不能与其他实体具有联系，即 E-R 图中所表示的联系是实体之间的联系。

2）全局 E-R 模式设计

各子系统的分 E-R 图设计好以后，下一步要将所有的分 E-R 图组合成一个系统的总 E-R 图。

3）全局 E-R 模式的优化和评审

进行相关实体类型的合并，以减少实体类型的个数；消除实体中的冗余属性；消除冗余的联系类型。在初步 E-R 图中，可能存在一些冗余的数据和实体间冗余的联系。所谓冗余的数据是指可由基本数据导出的数据，冗余的联系是指可由其他联系导出的联系。冗余的数据和冗余的联系容易破坏数据库的完整性，为数据库的维护增加了困难，应当予以消除。消除了冗余后的初步 E-R 图称为基本 E-R 图。

但并不是所有的冗余数据与冗余联系都必须消除，有时为了提高效率，不得不以冗余信息作为代价。因此在设计数据库概念结构时，哪些冗余信息必须消除，哪些冗余信息允许存在，需要根据用户的整体需求来确定。如果人为地保留了一些冗余数据，则应把数据字典中的数据关联的说明作为完整性约束条件。

3. 概念结构设计案例

1）E-R 图

E-R（Entity Relationship Diagram）图的元素如图 2-1 所示。

对于属性又有以下规定，如图 2-2 所示。

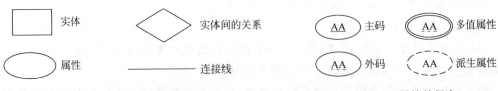

图 2-1　E-R 图的组成　　　　　　　　　　图 2-2　属性的规定

2) 商品进销存管理系统的概念结构设计

根据用户需求分析可以得到供应商实体,属性有供应商号(主码)、供应商姓名、地址、电话、账号等,其局部 E-R 图如图 2-3 所示;也可以得到订单实体,属性有订单号(主码)、物料编号、数量、价格、订购时间等,其局部 E-R 如图 2-4 所示。

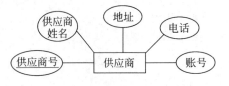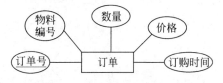

图 2-3　供应商实体及属性的局部 E-R 图　　　图 2-4　订单实体及属性的局部 E-R 图

根据用户需求分析,得到订单与供货商的联系。假定一个供应商可以有多个订单,而一个订单只能有一个供应商,供应商和订单之间具有一对多的联系,其综合 E-R 图如图 2-5 所示。

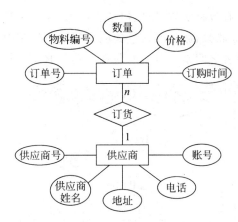

图 2-5　供应商与订单的综合 E-R 图

3) 图书借阅系统的概念结构设计

图书借阅系统是最常见的一个系统,在此系统中有读者实体,属性包括读者编号、姓名、读者类型、借阅数量等;还包括图书实体,属性包括图书编号、书名、作者、出版社、出版日期、价格等。读者和图书之间通过借阅建立联系,并派生出借书日期和还书日期。一般情况下,一位读者可以借阅若干本书,一本书也可以被多个读者借阅,所以,两者之间的联系是多对多的,其 E-R 图如图 2-6 所示。

4) 教务管理系统的概念结构设计

教务管理系统中存在学生实体,属性包括学号(主码)、姓名、性别、出生年月、专业等;还有课程实体,属性包括课程号(主码)、课程名、学分等。学生和课程之间通过选修建立联系,并派生出成绩属性。假定一门课程有若干名学生选修,一名学生可以选修多门课程,那么两者之间是多对多的联系。

该系统中还有教师实体,属性包括职工号(主码)、姓名、性别、出生日期、职称等,与课程之间通过授课建立联系,并派生出评价属性。假定每名教师可以讲授多门课程,一门课程可以被多名教师讲授,那么两者之间是多对多的联系。

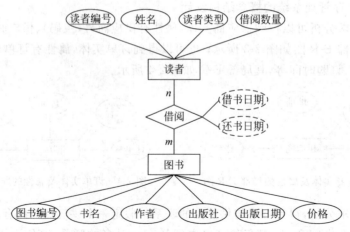

图 2-6　图书借阅系统的 E-R 图

另外,该系统中应该还有教材实体,属性包括教材号(主码)、教材名、出版社和价格等,其与课程之间通过选用建立联系,派生出数量属性。假定一门课程选用一种教材,而一种教材被一门课程选用,那么两者之间是一对一的联系。其 E-R 图如图 2-7 所示。

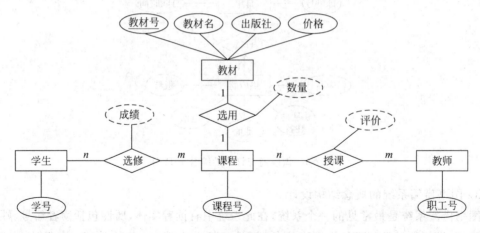

图 2-7　教务管理系统的 E-R 图

以上案例比较简单,目的是使读者对概念结构设计有一个初步的认识。在实际应用中,概念结构的设计比较复杂,大家只能在工作中逐步学习和积累经验。

4．学籍管理系统的实体

经过前期的调研,得到了学籍管理系统的基本资料,经过分析,得出了学籍管理系统的实体,主要有教师、学生、部门、班级、专业、课程等。

5．各实体间的关系

通过对学籍管理系统进行深入细致的分析,将各实体间的关系进行了整理,如图 2-8 所示。

【课堂同步训练】

1．课堂同步训练的任务描述

为销售业务管理系统设计概念结构。

某销售业务管理系统有以下实体：

公司员工（员工编号，姓名，性别，进入公司日期，岗位，部门）；

客户（客户编号，客户名称，联系人，联系电话，联系地址，所属省份）；

产品（产品编号，产品简称，名称，参考报价，开发负责人，产品功能简介）；

合同（合同编号，签单日期，客户编号，合同总额，备注）。

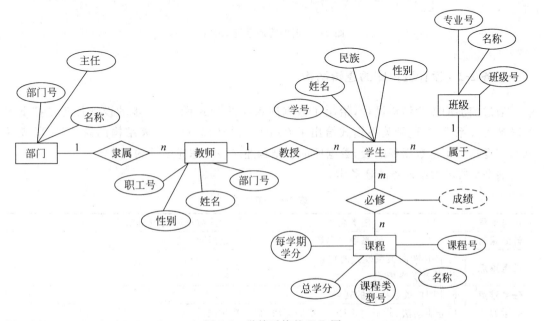

图 2-8　学籍系统的 E-R 图

销售部有一个销售经理，领导多位销售人员；每个销售员可以联系多个客户；不同的销售人员可以拜访同一个客户；一份合同可以由多个销售员签订，一份合同只能有一个签约客户；一个产品有一个开发负责人，一个开发负责人负责多个产品。

2．同步训练的效果展示

从以上描述中可以得出：

一对一联系有合同与客户；

一对多联系有销售经理与销售人员、合同与产品、合同与销售人员、开发负责人和产品；

多对多联系有销售人员与客户、合同与产品。

由此可以得出销售系统的 E-R 图如图 2-9 所示。

请读者添加各实体的属性。

【课外拓展训练】

去院图书馆调查图书管理系统，为图书系统设计概念结构。

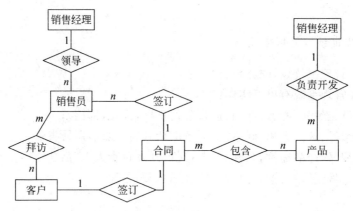

图 2-9　销售管理系统 E-R 图

任务 2-2　设计数据库的逻辑结构

通过前面的概念结构设计,给出了数据库系统的 E-R 图,下一步的设计任务是把 E-R 图转换为关系模式,这种关系模式给出了 Oracle 数据库对象——表结构的属性(字段或者列),注意这还不是数据库的表,数据库的表结构还应该考虑完整性约束。

表 2-6 所示为本任务的任务卡。

表 2-6　任务卡

任务编号	2-2	任务名称	设计数据库的逻辑结构
计划课时	6	所属项目名称	数据库基础知识
任务重点	① E-R 图向关系模式的转换; ② 设计关系模式		
任务难点	E-R 图向关系模式的转换		
教学方法	任务驱动法、分组讨论法、三步训练法、案例教学法		
任务描述	根据设计好的 E-R 图,将其转换为关系模式		

【核心能力】

能够将 E-R 图转换为关系表。

【任务完成过程】

根据 E-R 实体关系图和关系模式转换规则得出数据库表关系模型。

1. 关系完整性

关系完整性是为保证数据库中数据的正确性和相容性对关系模型提出的某种约束条件或规则,完整性通常包括实体完整性、参照完整性和用户定义完整性(又称域完整性)。其中实体完整性和参照完整性是关系模型必须满足的完整性约束条件。

1) 实体完整性(Entity Integrity)

实体完整性是指关系的主码不能取空值,或关系中每个元组的主码不能为空。

一个关系对应现实世界中的一个实体集。现实世界中的实体是可以相互区分、识别的,即它们应具有某种唯一性标识。在关系模式中,以主码作为唯一性标识,主码中的属性(称为主属性)不能取空值,否则表明关系模式中存在不可标识的实体(空值不是 0,也不是空字符串,而是没有值),这与现实世界的实际情况相矛盾,这样的实体就不是一个完整实体。按实体完整性规则要求,主属性不得取空值,如主关键字是多个属性的组合,则所有主属性均不得取空值。

2) 参照完整性(Reference Integrity)

参照完整性是指建立关系之间联系的主关键字与外部关键字引用的约束条件。

关系数据库中通常包含多个存在相互联系的关系,关系与关系之间的联系是通过公共属性来实现的。所谓公共属性,它是一个关系 R(称为被参照关系或目标关系)的主关键字,同时又是另一关系 K(称为参照关系)的外部关键字。如果参照关系 K 中外部关键字的取值要么与被参照关系 R 中某元组主关键字的值相同,要么取空值,那么,在这两个关系间建立关联的主关键字和外部关键字引用,符合参照完整性规则要求。如果参照关系 K 的外部关键字也是其主关键字,根据实体完整性要求,主关键字不得取空值,因此,参照关系 K 中外部关键字的值实际上只能取相应的被参照关系 R 中已经存在的主关键字值。

在教务管理数据库中,如果将选修表作为参照关系,将学生表作为被参照关系,以"学号"作为两个关系进行关联的属性,则"学号"是学生关系的主关键字,是选课关系的外部关键字。选课关系通过外部关键字"学号"参照学生关系。

3) 用户定义完整性

实体完整性和参照完整性适用于任何关系型数据库系统,主要是针对关系的主关键字和外部关键字的取值必须有效而做出的约束。用户定义完整性则是根据应用环境的要求和实际的需要,对某一具体应用所涉及的数据提出约束性条件。这一约束机制一般不应由应用程序提供,而应有由关系模型提供定义并检验,用户定义完整性主要包括字段有效性约束和记录有效性。

2. E-R 图转换规则

1) 一个实体转换为一个关系

通常,E-R 图中的一个实体转换为一个关系模式,实体的属性就是关系的属性,实体的码就是关系的码。

根据图 2-6 可以将读者和图书两个实体转换为读者关系表和图书关系表。

读者(读者编号,姓名,读者类型,借阅数量);

图书(图书编号,书名,作者,出版社,出版日期,价格)。

2) 1∶1 联系的转换

一个 1∶1 联系可以转换为一个独立的关系模式,也可以与任意一端对应的关系模式合并。

如图 2-7 中的教材和课程之间的联系"选用"可以转换为选用表,可以选择任一实体的码属性作为该关系的码。结果如下:

- 教材表(教材号,教材名,作者,出版社,出版日期,价格);
- 课程表(课程号,课程名,学分);
- 选用表(教材号,课程号,数量)。

也可以与教材端合并:

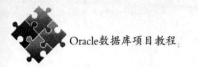

- 教材(**教材编号**,教材名,作者,出版社,出版日期,价格,**课程号**);
- 课程表(**课程号**,课程名,学分)。

还可以与课程端合并:

- 教材(**教材号**,教材名,作者,出版社,出版日期,价格);
- 课程表(**课程号**,课程名,学分,**教材号**)。

3)1∶n 联系的转换

一个 1∶n 联系可以转换为一个独立的关系模式,也可以与 n 端对应的关系模式合并。

如图 2-5 中的订货联系,可以作为一个单独的关系:

- 供应商表(**供应商号**,供应商姓名,地址,电话,账号);
- 订单表(**订单号**,物料编号,数量,价格,订购时间);
- 订货表(**供应商号**,**订单号**)。

也可以与 n 端(订单)合并:

订单表(**订单号**,物料编号,数量,价格,订购时间,供应商号)。

4)m∶n 联系的转换

一个 m∶n 联系可以转换为一个独立的关系模式。

如图 2-6 中的借阅关系转换为:

借阅表(**读者编号**,**图书编号**,借书日期,还书日期)。

其余的关系,读者可以自己写出。

3. 本任务的关系表

根据任务 2-1 中销售系统的 E-R 图,可以得出以下关系表:

教师表(**职工号**,姓名,**部门号**,性别,职称,电话,籍贯,备注);

部门表(**部门编号**,名称,部门主任);

学生表(**学号**,姓名,民族,性别,出生年月,**班号**,电话,入学年份,籍贯,备注);

课程表(**课程号**,名称,**课程类型号**,总学分,每学期学分,备注);

成绩表(**学号**,**课号**,成绩);

课程类型表(**课程类型号**,类型名称);

班级表(**班级号**,名称,**专业号**,入学年份,班长号);

专业表(**专业号**,专业名称,系部编号)。

【课堂同步训练】

1)课堂同步训练的任务描述

见任务 2-1 中的课堂同步训练的任务描述。

2)同步训练的效果展示

根据转换规则,销售系统的关系模式如下:

公司员工(**员工编号**,姓名,性别,上级领导,进入公司日期,岗位,部门);

客户(**客户编号**,客户名称,联系人,联系电话,联系地址,所属省份);

产品(**产品编号**,产品简称,名称,参考报价,开发负责人,产品功能简介);

合同(**合同编号**,签单日期,客户编号,合同总额,备注);

合同明细(**合同编号**,**产品编号**,产品数量,产品售价);

合同签单人员(合同编号,员工编号,权重);

拜访(员工编号,工作日期,客户编号,工作内容,上级审核日期,上级审核内容)。

【习题】

(1) 设计一个实体—联系模型存放初中二年级的期末考试成绩,包括语文、数学、英语、物理、化学5门课程的成绩。试画出实体—联系模型的E-R图。

(2) 某工厂生产若干产品,每种产品由不同的零件组成,有的零件可用在不同的产品上,这些零件由不同的原材料制成,不同零件所用的材料可以相同。这些零件按所属的不同产品分别放在仓库中。试用E-R图画出此工厂的产品、零件、材料、仓库的概念模型。

(3) 某百货公司有若干连锁商店,每家商店经营若干商品,每家商店有若干职工,但每个职工只能服务于一家商店,试描述该百货公司的E-R模型,并给出每个实体、联系的属性。

(4) 一个有关商店销售商品的数据库,涉及以下数据:

商店号、商店名、地址;

商品号、商品名、单价;

某商店销售某商品的数量和日期。

要求:

① 设计E-R图。

② 转换成关系模型。

(5) 某医院病房计算机管理中心需要以下信息:

科室:科名、科地址、科电话、医生姓名;

病房:病房号、床位号、所属科室名;

医生:姓名、职称、所属科室名、年龄、工作证号;

病人:病历号、姓名、性别、诊断、主管医生、病房号。

其中,一个科室有多个病房、多个医生,一个病房只能属于一个科室,一个医生只能属于一个科室,但可以负责多个病人的诊治,一个病人的主管医生只有一个。

完成以下设计:

① 设计该计算机管理系统的E-R图。

② 将该E-R图转换为关系模式结构。

③ 指出转换结果中每个关系模式的候选码。

(6) 工厂(包括厂名和厂长名)需建立一个管理数据库存储以下信息:

① 一个工厂内有多个车间,每个车间有车间号、车间主任姓名、地址和电话。

② 一个车间有多个工人,每个工人有职工号、姓名、年龄、性别和工种。

③ 车间生产多种产品,产品有产品号和价格。

④ 车间生产多种零件,一个零件可能被多个车间制造。零件有零件号、重量和价格。

⑤ 产品由多种零件组成,一种零件可装配出多种产品。

⑥ 零件均存入仓库中。

⑦ 有多个仓库,仓库有仓库号、仓库主任姓名和电话。

试着:

① 画出该系统的E-R图。

② 给出相应的关系模式。

③ 画出该系统的层次模式图。

（7）有以下运动队和运动会两个方面的实体：

① 运动队方面：

运动队：队名、教练姓名、队员姓名；

队员：队名、队员姓名、性别、项名。

其中，一个运动队有多个队员，一个队员仅属于一个运动队，一个队一般有一个教练。

② 运动会方面：

运动队：队编号、队名、教练姓名；

项目：项目名、参加运动队编号、队员姓名、性别、比赛场地。

其中，一个项目可由多个队参加，一个运动员可参加多个项目，一个项目一个比赛场地。

请完成以下设计：

① 设计运动队和运动会两个局部 E-R 图。

② 将它们合并为一个全局 E-R 图。

③ 合并时会存在什么冲突？你是如何解决这些冲突的？

（8）假设要建立一个企业数据库，该企业有多个下属单位，每个单位有多个职工，一个职工仅隶属于一个单位，且一个职工仅在一个工程中工作，但一个工程中有很多职工参加工作，有多个供应商为各个工程供应不同设备。单位的属性有单位名、电话，职工的属性有职工号、姓名、性别，设备的属性有设备号、设备名、产地，供应商的属性有姓名、电话，工程的属性有工程名、地点。

请完成以下处理：

① 设计满足上述要求的 E-R 图。

② 将该 E-R 图转换为等价的关系模式。

③ 根据你的理解，用下划线标明每个关系中的码。

（9）设一个海军基地要建立一个舰队管理信息系统，它包括以下两个方面的信息：

① 舰队方面：

舰队：舰队名称、基地地点、舰艇数量；

舰艇：编号、舰艇名称、舰队名称。

② 舰艇方面：

舰艇：舰艇编号、舰艇名、武器名称；

武器：武器名称、武器生产时间、舰艇编号；

官兵：官兵证号、姓名、舰艇编号。

其中，一个舰队拥有多艘舰艇，一艘舰艇属于一个舰队；一艘舰艇安装多种武器，一个武器可安装于多艘舰艇上；一艘舰艇有多个官兵，一个官兵只属于一艘舰艇。

请完成以下设计：

① 分别设计舰队和舰艇两个局部 E-R 图。

② 将上述两个局部 E-R 图合并为一个全局 E-R 图。

③ 将该全局 E-R 图转换为关系模式。

④ 合并时是否存在命名冲突？如何处理？

【课外拓展训练】

将任务 2-1 中的图书管理系统 E-R 图转化为关系模式。

项目 3　Oracle基础知识

【教学导航】

教学目标	能力（技能）目标	知识目标	情感目标
	① 能够了解 Oracle 系统的基本知识； ② 认识 Oracle 认证	了解 Oracle 数据库的基本知识	① 团队合作精神； ② 自学能力； ③ 独立完成任务的能力
教学重点	掌握 Oracle 软件产品的特点		
教学难点	Oracle 软件产品与其他数据库产品的对比		
课时建议	4		
能力训练任务及案例	项目 3.1　Oracle 简介 　任务 3-1　Oracle 的发展 　任务 3-2　Oracle 系统的特点 项目 3.2　关于 Oracle 的认证 　任务 3-3　Oracle 的认证 项目 3.3　Oracle 的安装 　任务 3-4　安装 Oracle		

在此之前，我们从未接触过 Oracle 软件，接到安装和配置 Oracle 的任务后，工作应如何开展呢？首先要对 Oracle 进行一个初步的了解。

项目 3.1　Oracle 简介

任务 3-1　Oracle 的发展

表 3-1 所示为本任务的任务卡。

表 3-1　任务卡

任务编号	3-1	任务名称	Oracle 的发展
计划课时	0.5	所属项目名称	Oracle 基础知识
任务重点	① Oracle 基础知识； ② Oracle 的特点		

任务难点	Oracle 的发展
教学方法	任务驱动法、分组讨论法、三步训练法、案例教学法
任务描述	了解 Oracle 的基础知识

1. Oracle 介绍

Oracle 数据库系统是美国 Oracle 公司(甲骨文公司)提供的以分布式数据库为核心的一组软件产品,是目前最流行的客户机/服务器(Client/Server)或 B/S 体系结构的数据库之一。Oracle 数据库是目前世界上使用最广泛的数据库系统,作为一个通用的数据库系统,它具有完整的数据管理功能;作为一个关系数据库,它是一个完备关系的产品;作为分布式数据库,它实现了分布式处理功能。对于它的所有知识,用户只要在一种机型上学习了,就能在各种类型的计算机上使用它。

Oracle 是殷墟(Yin Xu)出土的甲骨文(oracle bone inscriptions)的英文翻译的第一个单词,在英语里是"神谕"的意思。Oracle 是世界领先的信息管理软件开发商,因其复杂的关系数据库产品而闻名。Oracle 数据库产品为财富排行榜上的前 1000 家公司所采用,许多大型网站也选用了 Oracle 系统。

Oracle 的关系数据库是世界上第一个支持 SQL 语言的数据库。1977 年,Lawrence J. Ellison 领着一些同事成立了 Oracle 公司,他们的成功强力反击了那些说关系数据库无法成功商业化的说法。现在,Oracle 公司的财产净值已经由当初的 2000 美元增加到了现在的年收入超过 97 亿美元。

Oracle 的目标定位于高端工作站以及作为服务器的小型计算机。Oracle 的路线同 Sun 微系统公司类似,都提出了网络计算机的概念。Oracle 宣称自己是世界上首家百分之百进行基于互联网的企业软件的软件公司。

其整个产品线包括数据库、服务器、企业商务应用程序以及应用程序开发和决策支持工具。从 Oracle 首席执行官 Ellison 的发言可以看出 Oracle 对网络计算的信心,他说:"Oracle 公司的成败依赖于互联网是否能够成为将来的主流计算方式,如果答案为'是',Oracle 就赢了。"

2. Oracle 数据库的发展

1977 年,Larry Ellison、Bob Miner 和 Ed Oates 等人组建了 Relational 软件公司(Relational Software Inc. ,RSI),他们决定使用 C 语言和 SQL 界面构建一个关系数据库管理系统(Relational Database Management System,RDBMS),并很快发布了第一个版本(仅是原型系统)。

1979 年,RSI 首次向客户发布了产品,即第 2 版。该版本的 RDBMS 可以在装有 RSX-11 操作系统的 PDP-11 计算机上运行,后来又移植到了 DECVAX 系统。

1983 年,在发布的第 3 个版本中加入了 SQL 语言,而且性能有所提升,其他功能也得到增强。与前几个版本不同的是,这个版本是完全用 C 语言编写的。同年,RSI 更名为 Oracle Corporation,也就是今天的 Oracle 公司。

1984 年,Oracle 的第 4 版发布。该版本既支持 VAX 系统,也支持 IBM VM 操作系统。这也是第一个加入了读一致性(Read-consistency)的版本。

1985 年,Oracle 的第 5 版发布。该版本可称作是 Oracle 发展史上的里程碑,因为它通过 SQL * NET 引入了客户端/服务器的计算机模式,同时它也是第一个打破 640KB 内存限制的 MS-DOS 产品。

1988 年,Oracle 的第 6 版发布。该版本除了改进性能、增强序列生成与延迟写入(Deferred Writes)功能以外,还引入了底层锁。除此之外,该版本还加入了 PL/SQL 和热备份等功能。这时 Oracle 已经可以在许多平台和操作系统上运行了。

1991 年,Oracle RDBMS 的 6.1 版在 DEC VAX 平台中引入了 Parallel Server 选项,很快该选项也可用于许多其他平台。

1992 年,Oracle 7 发布。Oracle 7 在对内存、CPU 和 I/O 的利用方面做了许多体系结构上的变动,这是一个功能完整的关系数据库管理系统,在易用性方面也做了许多改进,引入了 SQL * DBA 工具和 database 角色。

1997 年,Oracle 8 发布。Oracle 8 除了增加了许多新特性和管理工具以外,还加入了对象扩展(Object Extension)特性,开始在 Windows 系统下使用,以前的版本都是在 UNIX 环境下运行的。

2001 年,Oracle 9i release 1 发布。这是 Oracle 9i 的第一个发行版,包含 RAC(Real Application Cluster)等新功能。

2002 年,Oracle 9i release 2 发布,它在 release 1 的基础上增加了集群文件系统(Cluster File System)等特性。

2004 年,针对网格计算的 Oracle 10g 发布。该版本中 Oracle 的功能、稳定性和性能的实现都达到了一个新的水平。

当电子商务在全球范围内还处于萌芽状态时,Oracle 公司便前瞻性地做出了从领先的数据库厂商向以 Internet 计算为基础的完整的电子商务解决方案供应商转型的战略部署。这一前瞻性战略为 Oracle 带来了巨大的利益,今天,Oracle 能够领先于竞争对手提供包括平台产品、应用产品和完善的服务在内的先进的、完整的、集成的电子商务解决方案,可以无缝集成供应链管理(SCM)、企业资源管理(ERP)、客户资源管理(CRM),以及企业商业智能(BI)和电子商务应用 IP(Internet Procurement)、Exchange、Portal-to-go 等产品。Oracle 从低端到高端的所有方案 100% 基于 Internet 应用体系结构,都可以通过 Web 安全、直接地访问,使企业能够通过 Web 完成包括报价、订单、支付、执行、服务等在内的企业业务过程的所有环节,帮助企业将现有业务内容快速转移到电子商务,迅速获得来自电子商务的高效益。

Oracle 应用产品包括财务、供应链、制造、项目管理、人力资源和市场与销售等 150 多个模块,荣获多项世界大奖,现已被全球近 7600 家企业所采用。由于在电子商务方面的杰出表现,Oracle 公司在美国 Mongan Stanley 公司最新公布的权威性全球企业 1000 强中从去年的第 122 名一跃成为第 13 名,成为全球第二大独立软件公司和最大的电子商务解决方案供应商。目前,Amazon 和 Dell 等全球 10 个最大的 Internet 电子商务网站、全球 10 个最大的 B-to-B 网站中的 9 个、93% 的上市.COM 公司、65 家"财富全球 100 强"企业均不约而同地采用 Oracle 电子商务解决方案。

Sun 公司在 2008 年初以 10 亿美元收购 MySQL,Oracle 公司在 2009 年 4 月以 74 亿美

元收购 Sun,Sun 与 Oracle 合并的未来,如果云计算对企业来说变得越来越重要,那么数据将是云计算的核心,而讲到数据,也就意味着数据库。如塔克商学院数字策略中心主任 M. Eric Johnson 所说的那样,Sun 已经清楚地展现了一个真实的云计算环境。对于那些将云计算停留在理论阶段的对手来说,收购 Sun 对 Oracle 来说将获得竞争优势。Johnson 还指出,Sun 在很多需求旺盛的方面"保持领先地位"。Sun 的技术可以帮助数据库提高性能,尤其是对大型数据库。Oracle 和 Sun 结合之后,对任何一个信息官来说都具有吸引力。Oracle 软件和 Java 的紧密结合,使得 Oracle 的软件能跨平台使用。如 IDC 研究副总裁 Jean Bozman 指出的那样,真正云计算的第一步是"将服务器和存储单元垂直化",可以适用于不同的硬件平台。凭借 Java,Oracle 可以拓展跨平台的控制力,而这正是企业 IT 部门想要的。实际上,Oracle 的 Oracle Fusion Middleware 正是基于 Java。有意思的是,Oracle Fusion Middleware 扩大了对服务器的需求,原因正是由于它基于 Java。而现在,Oracle 通过购得 Sun 服务器资源,可以进一步降低价格,从而进一步提高 Oracle Fusion Middleware 的竞争力。由于 Oracle 大部分的收入来自数据库软件许可,因此如果有必要,可以用便宜的服务器硬件作为促销的手段,这样对那些硬件服务器竞争对手来说是不小的打击。Sun 现已售出 160 万～200 万台服务器,还有更多的运行 Sun Solaris 操作系统的其他公司的服务器,这对 Oracle 捆绑销售自家产品也很有帮助。Oracle 收购 Sun,当然也包括开源数据库 MySQL。对于那些预算不多但又需要 Oracle 产品的用户,Oracle 可以用 MySQL 来满足他们的需求。这可以使 Oracle 进入中小企业业务,更有机会在这方面超过 SAP。此外,其还提供了和微软 SQL Server 竞争的产品,而不需要降低 Oracle 自有产品的定位。

3. Oracle 与其他数据库的比较

在了解了 Oracle 数据库之后,有必要对 Oracle 和 Sybase SQL Server 进行比较,Oracle 采用的是并行服务器模式,而 Sybase SQL Server 采用的是虚拟服务器模式,它没有将一个查询分解成多个子查询,然后在不同的 CPU 上同时执行这些子查询。我们可以说在对称多处理方面 Oracle 的性能优于 Sybase 的性能。业务量往往在系统运行后不断提高,如果数据库数量达到 GB 以上,我们可以从两方面提高系统的性能,一种是提高单台服务器的性能,另一种是增加服务器的数目。基于此,如果提高单台服务器的性能,选择 Oracle 数据库比较好,因为它能在对称多 CPU 的系统上提供并行处理。相反,由于 Sybase 的导航服务器使网上的所有用户都注册到导航服务器并通过导航服务提出数据访问请求,导航服务器将用户的请求分解,然后自动导向由它所控制的多台 SQL Server,从而在分散数据的基础上提供并行处理能力,我们可以选择它。这种比较是在其他条件和环境相同的情况下进行的,这样才有可比性。在数据的分布更新方面,Oracle 采用的是基于服务器的自动的 2PC(两阶段提交),而 Sybase 采用的则是基于客户机 DB-Library 或 CT-Library 的可编程的 2PC,因此在选择数据库时必须根据需要进行选择。比如,从事的是社会保险软件的开发,考虑到数据量大、并发操作比较多、实时性要求高,后台基本采用 Oracle 数据库。Oracle 服务器由 Oracle 数据库和 Oracle 实例组成。Oracle 实例由系统全局区内存结构和用于管理数据库的后台进程组成。

4. Oracle 中国公司

1989 年，Oracle 公司正式进入中国市场，成为第一家进入中国的世界软件巨头，标志着刚刚起飞的中国国民经济信息化建设已经得到 Oracle 的积极响应，由 Oracle 首创的关系型数据库技术开始服务于中国用户。1991 年 7 月，经过近两年时间的努力开拓，为了更好地与迅速发展的业务相适应，Oracle 在北京建立独资公司。今天的 Oracle 中国公司拥有超过 3500 名员工，并在全国 12 个城市设立了分公司。

为了帮助中国用户及时、充分地利用世界最先进的计算机软件技术与产品，Oracle 中国公司在产品汉化方面投入了大量的资源，目前，Oracle 的大部分产品均已实现全面中文化，中文版产品的更新节奏与美国基本同步、一致。与此同时，Oracle 在中国得到了数以百计的国内计算机企业的合作与支持，除了惠普、Sun、康柏、Cisco、Intel 等 Oracle 全球联盟合作伙伴和普华永道咨询有限公司、安达信企业咨询有限公司、安盛咨询、德勤企业管理咨询公司、凯捷安永咨询(亚太)有限公司等 Oracle 全球系统集成商外，Oracle 公司在中国还建立起完整的合作伙伴体系，6 家增值经销商、72 家独立软件开发商、3 家应用软件合作伙伴、180 家授权分销商和 4 家授权培训中心，它们共同构成了基于 Oracle 技术产品基础的全国性市场开拓、系统集成、增值开发与技术服务体系，为 Oracle 在中国的业务发展提供了强有力的支持。由它们开发的数百个基于 Oracle 平台的商品化应用软件包已经广泛应用于国内的政府部门、电信、邮政、公安、金融、保险、能源电力、交通、科教、石化、航空航天、民航等各行各业。

5. Oracle 数据库的发展趋势

五十年前信息技术的发展造就了数据库，服务用户所需要的各种数据管理方式。这些年来，数据库市场呈几何级的增长，各种数据库软件的市场规模不断扩大。面对需求如此强劲的市场，我们看到数据库市场依然由主流商用的微软、Oracle 和 IBM 等屈指可数的几个巨头占据一方，占领世界范围内数据库市场的约 90% 的份额。如今，新的应用不断涌现，未来数据库市场的发展将出现新的趋势。

从云计算到虚拟化技术，再到自助商业智能工具等，数据库面临信息管理技术创新带来的新的挑战。"云"时代让数据库产业进行技术的性能、扩展性和安全性方面的提升。网络运算技术让用户在"云"的环境中分享存储资源，并且同时可以保障数据在安全方面的需求。相信数据库制造商们已经在筹谋如何对待"云"计算，在"云"盛行的一年，会有越来越多的数据库厂商加入到"云"数据库的队伍中来。

对于新版本的更新，未来充满想象。据相关人士透露，Oracle 的下一个版本将要出炉，对于版本名称，很多人都在猜想。通常，新版本出来之后，一些人会揪着存在的问题不放，不过，也无非是到底哪个功能更适用，哪个功能不可用。

云计算面临的一个大问题就是海量数据的存储问题，传统的数据库存储结构已不能满足海量数据的查询，数据库系统变得越来越复杂。与以前相比，现代的数据管理系统提供了 20 世纪 70 年代的数据库前辈们无法想象的功能。例如，今天的数据库管理系统产品通常提供分析/在线分析处理和 ETL 的通性，在 70 年代仅仅是单独的产品。面对云计算，势必让系统功能变得越来越复杂，此外，产生的新的数据类型也必将更加丰富。

国际市场商业竞争日益加剧,企业的商业数据呈几何数量级不断递增,特别是中国公司的机构程度复杂,企业内部 IT 及信息系统不断增加,势必要求数据库更迅速、更易使用。可见,如何更好地支持商业智能将是未来数据库产品发展的主要趋势之一,各数据库厂商在新推出的产品中纷纷表示自己的产品在商业智能方面有很大的提高。

从目前来看,数据格式在发生变化(图片、视频、音频等数据)的同时,数据结构也发生了巨大的变化,层次更多的结构化数据和数据仓库的需求都"呼唤"着更容易上手、易于管理、适用的数据库新版本的上线。

在新版本中想必会进一步强化易于管理的特性,如图形化的操作界面,增加操作导向以及自动执行功能,使数据库管理人员不必做很多重复性的工作。这些改进特性将允许数据库管理员从数据库日常运转工作中解脱出来,并集中精力从事数据库体系结构设计等更具价值的任务。

任务 3-2　　Oracle 系统的特点

表 3-2 所示为本任务的任务卡。

表 3-2　　任务卡

任务编号	3-2	任务名称	Oracle 系统的特点
计划课时	1	所属项目名称	Oracle 基础知识
任务重点	Oracle 系统的特点		
任务难点	Oracle 系统的特点		
教学方法	任务驱动法、分组讨论法、三步训练法、案例教学法		
任务描述	了解 Oracle 系统的特点		

1. 完整的数据管理功能

(1)数据的大量性。

(2)数据保存的持久性。

(3)数据的共享性。

(4)数据的可靠性。

2. 完备关系的产品

(1)信息准则:关系型 DBMS 的所有信息都应在逻辑上用一种方法,即表中的值显式地表示。

(2)保证访问的准则。

(3)视图更新准则:只要形成视图的表中的数据变化了,相应视图中的数据同时发生变化。

(4)数据物理性和逻辑性独立准则。

3. 分布式处理功能

Oracle 数据库自第 5 版起提供了分布式处理能力,到第 7 版就有了比较完善的分布式数据库功能,一个 Oracle 分布式数据库由 Oracle RDBMS、SQL＊NET、SQL＊CONNECT 和其他非 Oracle 的关系型产品构成。

4. 用 Oracle 轻松实现数据仓库的操作

这是一个技术发展的趋势。

(1) 自 Oracle 7.X 以来引入了共享 SQL 和多线索服务器体系结构,这减少了 Oracle 的资源占用,并增强了 Oracle 的能力,使之在低档软/硬件平台上用较少的资源就可以支持更多的用户,而在高档平台上可以支持成百上千个用户。

(2) 提供了基于角色(ROLE)分工的安全保密管理,在数据库管理功能、完整性检查、安全性、一致性方面都有良好的表现。

(3) 支持大量的多媒体数据,例如二进制图形、声音、动画以及多维数据结构等。

(4) 提供了与第三代高级语言的接口软件 PRO＊系列,能在 C、C++等主语言中嵌入 SQL 语句及过程化(PL/SQL)语句,对数据库中的数据进行操纵,加上它有许多优秀的前台开发工具,如 PowerBuilder、SQL＊FORMS、Visual Basic 等,可以快速地开发生成基于客户端 PC 平台的应用程序,并具有良好的移植性。

(5) 提供了新的分布式数据库功能,可通过网络较方便地读/写远端数据库中的数据,并有对称复制的技术。

Oracle 占有最大的数据库市场份额,它被广泛地用于各个领域,满足一系列存储需求,例如财务记录、人力资源及订单编制等。造成这种现象的原因之一在于 Oracle 较早地进入 RDBMS(关系型数据库管理系统)领域,并且提供可运行于大多数操作系统的数据库版本,虽然 Oracle 的首选操作系统似乎正由 Solaris 转为 Linux,但是 Oracle 仍然在进行与其他操作系统的兼容工作,尽管 Oracle 经常在 UNIX 或 Linux 平台上运行,但是也有大量的 Oracle 在 HP-UX 和 AIX 上运行,随着几年前电子商务的激增,将会驱使 Oracle 成为 Web 应用所需数据库的选择,这使数据库更容易受攻击者的控制。事实上,一旦 Oracle 从后台进入前端,那么人们会更多地关注它的安全方面。

项目 3.2　关于 Oracle 的认证

任务 3-3　Oracle 的认证

表 3-3 所示为本任务的任务卡。

表 3-3　任务卡

任务编号	3-3	任务名称	Oracle 的认证
计划课时	0.5	所属项目名称	Oracle 基础知识
任务重点	① Oracle 认证的种类; ② Oracle 认证适合的人群		
任务难点	Oracle 认证的种类		
教学方法	任务驱动法、分组讨论法、三步训练法、案例教学法		
任务描述	了解 Oracle 认证		

1．Oracle 认证的介绍

从就业与择业的角度来讲,计算机相关专业的大学生从事 Oracle 方面的技术是职业发展中的最佳选择。

(1) 就业面广:Oracle 帮助拓展技术人员择业的广度,全球前 100 强企业中有 99 家在使用 Oracle 的相关技术,中国政府机构、大中型企事业单位都有 Oracle 技术的工程师岗位,大学生在校期间兴趣广泛,每个人的兴趣、特长各异,不论你想进入金融行业还是电信行业或者政府机构,Oracle 都能够在你的职业发展中给你最强有力的支撑,成为你最贴身的"金饭碗"。

(2) 技术层次深:如果期望进入 IT 服务或者产品公司(类似毕博、DELL、IBM 等),Oracle 技术能够帮助从业人员提高就业的深度。Oracle 技术目前已经成为全球每个 IT 公司必选的软件技术之一,熟练地掌握 Oracle 技术能够为从业人员带来技术应用上的优势,同时为 IT 技术的深入应用起到非常关键的作用。掌握 Oracle 技术是 IT 从业人员了解全面信息化整体解决方案的基础。

(3) 职业方向多:Oracle 数据库管理方向、Oracle 开发及系统架构方向、Oracle 数据建模数据仓库等方向。

2．Oracle 认证的分类

Oracle 认证分为三类,即 OCA 认证、OCP 认证、OCM 认证。

1) OCA 认证

Oracle 10g Certified Associate (OCA)为 Oracle 公司的数据库助理工程师的认证,又称为 Oracle 技术入门级专业证书,拥有 OCA 认证说明你拥有了大型 Oracle 数据库管理的入门基础。

适合人群:

(1) 欲跨入高端数据库技术——Oracle 领域但无任何基础的在职者。

(2) 欲从事 Oracle DBA 职业的在校大学生(专业不限)。

(3) 欲转行为 Oracle DBA 的软件开发人员。

培训目标:

(1) 掌握关系数据库数据模型。

(2) 熟练地在 Linux 平台上部署数据库系统。

(3) 根据业务需求定制各种类型的数据库。

(4) 掌握数据库中的数据结构、组织、存储原型。

(5) 熟练运用 SQL 语句检索、操纵、管理数据库中的数据。

(6) 用 MEGER、USING、ROLLUP、CUBE、集合运算符和分层提取等高级方法来提取数据。

(7) 用 iSQL * Plus 工具来编写 SQL 和 SQL * Plus 脚本文件,从而生成类似报告的输出结果。

(8) 运用 Oracle SQL Developer 开发工具开发过程、函数、包、触发器等程序块。

(9) 了解 Oracle 核心组件 Instance 的结构。

（10）掌握 Oracle 数据库的逻辑与物理存储结构。

（11）Oracle NET Services 网络配置。

（12）Oracle Database 备份和恢复。

（13）为考取 Oracle 10g OCA 证书做准备。

2）OCP 认证

Oracle 10g Certified Professional（OCP）为 Oracle 公司的数据库工程师的认证，拥有 OCP 认证说明你拥有了大型 Oracle 数据库管理的技术能力；具备了成为大型企业核心数据库系统工程师的资格；掌握了大型 Oracle 数据库在 Linux/UNIX 平台上的备份、高级配置、优化等高级维护技术；有资格成为大型数据库系统核心工程技术人员。

适合人群：

（1）欲跨入月薪为 6000～1.5 万元行业的在职者。

（2）欲从事 Oracle DBA 职业的在校大学生（专业不限）。

（3）欲转行为 Oracle DBA 的软件开发人员。

（4）欲进入外企、银行、软件公司、国企从事 IT 信息技术职位的谋职者。

培训目标：

（1）掌握 Oracle Database 工作原理。

（2）掌握 Oracle 10g 的组件和运行机制。

（3）熟练配置并灵活调制 Oracle 10g 数据库的技能。

（4）根据业务需要调整数据库性能参数。

（5）监视 Oracle 服务器的各个功能参数。

（6）为考取 Oracle 10g OCP 证书做准备。

3）OCM 认证

Oracle Certified Master(OCM)大师认证资质是 Oracle 认证的最高级别。此认证是对技术、知识和操作技能的最高级别的认可。Oracle 认证大师是解决最困难的技术难题和最复杂的系统故障的最佳 Oracle 专家人选，资深专家级 Oracle 技能考试通过后将成为企业内的资深专家和顾问。OCM 不仅有能力处理关键业务数据库系统和应用，还能帮助客户解决所有的 Oracle 技术困难。要想获得 OCM 证书，必须先通过 OCA、OCP 考试，再学习两门高级技术课程，然后在 Oracle 实验室通过场景实验考试。场景实验考试的目的是测试实际问题分析和故障解决能力。

适合人群：

（1）欲跨入年薪为 15 万～25 万元行业的在职者。

（2）欲从事 Oracle 技术专家职位的在校大学生（计算机相关专业）。

（3）欲转行为企业 ERP 顾问的软件开发人员。

（4）欲进入外企、银行、软件公司、国企从事 IT 信息技术职位的谋职者。

要想参加 OCM 考试，必须具备以下条件：

（1）通过 OCA、OCP 认证。

（2）参加 Oracle 公司组织的两天实验室操作测试。

（3）参加 Oracle 大学两门课程的培训。

培训目标：

（1）确保海量级（T 级）数据安全、稳定地运行。

（2）确保关键业务系统 24×7 无间断地、高效地服务。

（3）根据实际业务情况实施各种优化策略。

（4）根据业务需要调整数据库性能参数。

（5）为 DDS 系统提供数据仓库解决方案。

Oracle 技术人才在各个行业的分布岗位与薪金情况见表 3-4（本资料统计来源于前程无忧网、中华英才网、智联招聘网）。

表 3-4 Oracle 技术人才在各个行业的分布岗位、薪金情况表

行业	岗位名称	公司性质	公司规模	薪金范围千元/月	公　司
软件业	Oracle 开发类、Oracle 维护类	民营	3000 人以上	4～6	用友、东软、联想软件、富士通
		外企	1000 人以上	8～15	IBM、HP、TATA、博彦、亚信科技
		国企	3000 人以上	5～8	中兴、中软、浪潮集团、神州数码
电信业	Oracle 维护类	民营	1 万人以上	6～10	华为
		外企	1 万人以上	8～10	CISCO、3COM、高通、贝尔等
		国企	1 万人以上	5～8	中兴、中国移动、联通、大唐电信等
互联网业	Oracle 开发类、Oracle 维护类	民营	1000 人以上	4～8	盛大、百度、阿里巴巴、淘宝网、新浪、搜狐等
		外企	1000 人以上	6～8	Google、易趣、TOM 在线等
金融业	Oracle 维护类	国企	1 万人以上	4～6	工商银行、建设银行、交通银行、太平洋保险等
制造业	Oracle 维护类	民营	1 万人以上	5～7	长安汽车、青岛啤酒
		外企	1 万人以上	6～8	松下电器、AUX、富士通、NEC、安利等
		国企	1 万人以上	5～6	首钢集团、海尔、上海广电、白沙集团、中国烟草、华电

项目 3.3 Oracle 的安装

任务 3-4 安装 Oracle

表 3-5 所示为本任务的任务卡。

表 3-5 任务卡

任务编号	3-4	任务名称	安装 Oracle
计划课时	2	所属项目名称	Oracle 基础知识
任务重点	Oracle 的安装		
任务难点	Oracle 的安装		
教学方法	任务驱动法、分组讨论法、三步训练法、案例教学法		
任务描述	掌握 Oracle 的安装过程		

1．安装 Oracle 前的准备工作

下面介绍安装 Oracle 10g 对软/硬件环境的要求。

1）硬件要求

- CPU：建议配置 Pentium 400MHz 以上。
- 内存：最少 256MB 内存（推荐 512MB）。

由于 CPU 的速度和内存容量直接影响 Oracle 的速度，所以配置越高越好。

2）交换空间

对于大多数系统，推荐两倍于内存数量或至少 400MB。

3）安装空间

- 典型安装：750MB。
- 最小安装：675MB。
- 最大安装：1000MB。

4）软件要求

Linux 内核版本 2.2 或更高；Windows NT 4.0 以上操作系统。

2．Oracle 的安装过程

Oracle 数据库产品是免费的，用户可以从 Oracle 的官方网站（http://www.oracle.com）下载程序安装包。Oracle 在 Windows 下的安装非常方便，安装开始后，一直单击安装程序的"下一步"按钮即可。

（1）下载 Oracle 10g 后，将其解压到一个文件夹下，单击 setup.exe 文件即可启动安装界面，如图 3-1 所示。

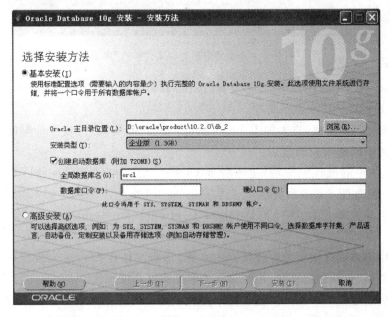

图 3-1　Oracle 10g 安装的启动界面

Oracle主目录位置就是Oracle准备安装的位置,称为Oracle_Home,通常Oracle根据当前计算机的硬盘大小默认给出一个合适的位置。Oracle在安装时可以只安装Oracle软件,然后单独创建数据库,也可以如图3-1所示,选中"创建启动数据库"复选框,这样在安装Oracle产品时将同时创建一个数据库,对于初学者来说,推荐这样安装。接下来在其下面填写全局数据库名,以及管理员的密码。全局数据库名是数据库在服务器网络中的唯一标识。

(2) 单击"下一步"按钮,会出现如图3-2所示的界面,开始对Oracle服务器进行环境检查,主要查看服务器是否符合安装Oracle的条件,例如操作系统是否支持、系统内存是否符合安装Oracle的最低要求等。

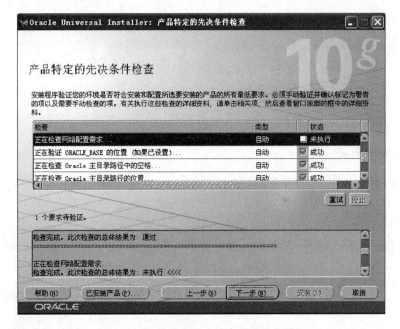

图3-2 "产品特定的先决条件检查"界面

(3) Oracle检查通过后,单击"下一步"按钮,就会出现"概要"界面,如图3-3所示,显示安装Oracle过程中的所有默认选项。

(4) 单击"安装"按钮,进入如图3-4所示的"安装"界面,这一过程的时间比较长,根据计算机的性能不同有很大的差别。

(5) 图3-4中的操作完成后,进入各种Oracle工具的安装阶段,包括网络配置向导、iSQL*Plus等,如图3-5所示。

(6) 接下来自动启动DBCA(Database Configuration Assistant)创建默认数据库,如图3-6所示。

Oracle中的数据库主要指存放数据的文件,这些文件在Oracle安装完成后,在计算机硬盘上都能找到,包括数据文件、控制文件和数据库日志文件。

数据库创建后会有一系列为该数据库提供服务的内存空间和后台进程,称为该数据库的实例。每一个数据库至少会有一个实例为其服务。实例中的内存结构称为系统全局区(SGA),系统会根据当前计算机系统的性能给SGA分配非常可观的内存空间。

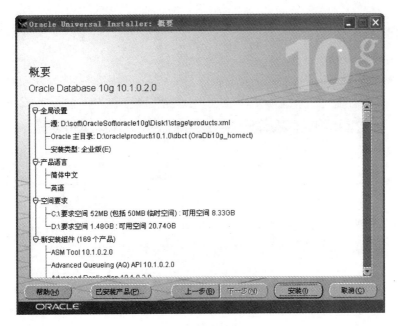

图 3-3 "概要"界面

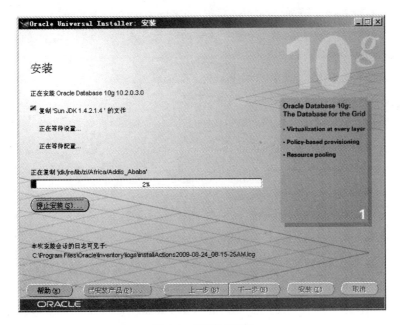

图 3-4 "安装"界面

Oracle 创建数据库不像 SQL Server 那样用一个简单的 CREATE DATABASE 命令就能完成,在创建数据库的过程中还需要配置各种参数。用户虽然有 DBCA 工具向导,但是仍然需要进行比较麻烦的配置。

说明:虽然一个 Oracle 数据库服务器中可以安装多个数据库,但是一个数据库需要占用非常大的内存空间,因此一般一个服务器只安装一个数据库。每一个数据库可以有很多用户,不同的用户拥有自己的数据库对象(例如数据库表),一个用户如果访问其他用户的数

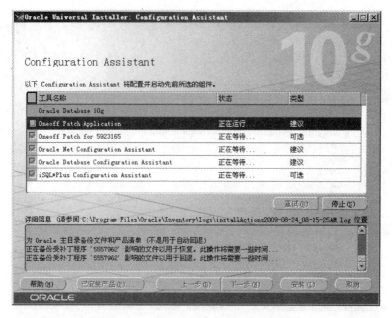

图 3-5　Oracle 各种工具的安装

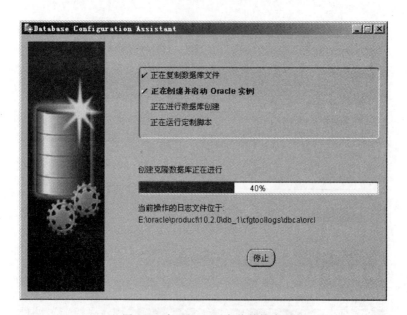

图 3-6　在 DBCA 下安装数据库

据库对象,必须由对方用户授予一定的权限。另外,不同用户创建的表只能被当前用户访问。因此,在 Oracle 开发中,不同的应用程序只需要使用不同的用户访问。

(7) 在数据库创建完毕后,需要设置数据库的默认用户。Oracle 中为管理员预置了两个用户,分别是 SYS 和 SYSTEM,同时 Oracle 为程序测试提供了一个普通用户——SCOTT。在口令管理中,可以对数据库用户设置密码,设置是否锁定,如图 3-7 所示。在 Oracle 客户端,使用用户名和密码登录 Oracle 系统后才能对数据库进行操作。

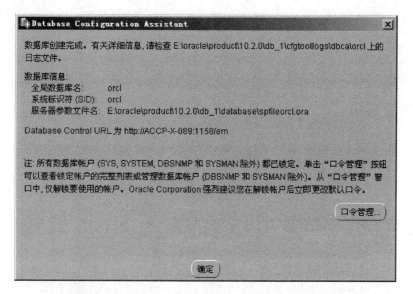

图 3-7   DBCA 下的口令管理

在默认用户中,SYS 和 SYSTEM 用户是没有锁定的,安装成功后可以直接使用; SCOTT 用户默认为锁定状态,因此不能直接使用,需要把 SCOTT 用户设定为非锁定状态 才能正常使用,如图 3-8 所示。

图 3-8   为 SYSTEM、SYS、SCOTT 用户设置密码

这一步完成后,Oracle 系统就安装成功了,如图 3-9 所示。

说明:在 Oracle 数据库中,默认所有的系统数据、SQL 关键字等都是大写的。在操作 过程中,Oracle 会自动把这些内容转换为大写,因此用户在操作时无须考虑大小写问题,但 为了保持良好的程序风格,程序中建议关键字用大写、非关键字用小写。

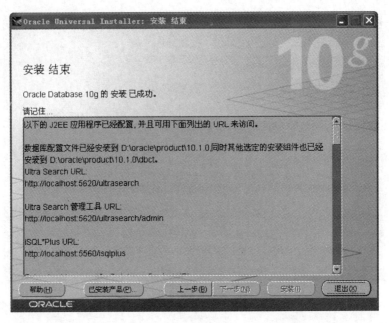

图 3-9 安装结束

3．数据库的卸载

（1）单击"开始"按钮，选择"设置"→"控制面板"命令，在控制面板中双击"管理工具"图标，然后双击"服务"图标，在打开的界面中停止所有 Oracle 服务。

图 3-10 删除数据库

（2）单击"开始"按钮，选择"程序"→Oracle - OraDb10g_home1→Oracle Installation Products→Universal Installer 命令卸载所有 Oracle 产品，如图 3-10 所示。

（3）运行 regedit，选择 HKEY_LOCAL_MACHINE\SOFTWARE\ORACLE，按 Delete 键删除这个入口。

（4）运行 regedit，选择 HKEY_LOCAL_MACHINE\SYSTEM\CurrentControlSet\Services，滚动这个列表，删除所有 Oracle 入口。

（5）从桌面上、STARTUP(启动)组和"开始"菜单中删除所有有关 Oracle 的组和图标。

（6）重新启动计算机，才能完全删除 Oracle 所在的目录。

（7）删除与 Oracle 有关的文件，选择 Oracle 所在的默认目录 C:\Oracle，删除这个入口目录及所有子目录，并从操作系统目录（一般为 C:\WINNT）中删除 ORACLE. INI、oradim80. INI。

如果是在 UNIX 或 Linux 系统上，则方便很多，只要删除 $ORACLE_HOME 下的所有文件以及所有数据文件，然后删除日志文件就可以了。

【课堂同步训练】

（1）在学生机上安装 Oracle 10g 数据库。

（2）验证安装结果。

实训　Oracle 10g 的安装

实训目的

掌握 Oracle 10g 数据库的安装过程。

实训要求

（1）记录安装过程中遇到的问题及解决方法。

（2）记录利用企业管理器查看当前数据库内存结构、进程结构、数据文件、控制文件、日志文件、重做日志组以及初始化参数的方法。

（3）记录利用 SQL * Plus 和 iSQL * Plus 查看数据库、数据文件、控制文件、日志文件，重做日志组以及初始化参数的命令。

（4）记录当前数据库中各种文件的物理存储路径和已启动的服务。

实训内容

（1）安装 Oracle Database 10g。

（2）查看安装后的程序组和服务。

（3）查看安装后的数据库文件的目录结构。

（4）利用企业管理器查看当前数据库。

① 查看当前数据库的初始化参数。

② 查看当前数据库 SYS 下的逻辑对象。

③ 查看当前数据库的表空间。

④ 查看当前数据库的控制文件。

⑤ 查看当前数据库的数据文件。

⑥ 查看当前数据库的重做日志组及日志文件。

⑦ 查看 SYS 用户的权限。

⑧ 查看当前数据库的角色。

（5）利用 SQL * Plus 查看当前数据库。

① 查看当前数据库的控制文件。

② 查看当前数据库的数据文件。

（6）利用 iSQL * Plus 查看当前数据库。

① 查看当前数据库的控制文件。

② 查看当前数据库的数据文件。

常见问题分析

1. Oracle 安装失败的解决方法

如果安装失败，一定存在某些环境原因，因为安装 Oracle 数据库软件必须要有一个干

净的环境,如果以前安装的软件删除不干净,则重新安装时会出错。首先卸载 Oracle,卸载完成后重新启动计算机,删除原来安装的 Oracle 目录,重新安装即可。

2. "无效字符"错误

在 SQL ∗ Plus 中通过 EDIT 命令调用文本编辑器对命令进行编辑,然后回到 SQL ∗ Plus 窗口,输入"/"执行该命令出现"无效字符"错误提示,修改的方法为在文本编辑器中删除命令的结束符";"。

注意:在 Oracle 应用环境中执行 SQL 命令时,一旦出现错误,Oracle 会在出错处标识 ∗ 。

3. 登录 SQL ∗ Plus 或 iSQL ∗ Plus 失败

登录 SQL ∗ Plus 或 iSQL ∗ Plus 时用户不能为 SYS,这是因为在登录界面中不能选择连接身份,默认连接身份为 Normal。

项目 4　数据库管理员和 Oracle 系统管理工具

本项目介绍 Oracle 数据库中常用的系统管理工具，主要包括 Database Configuration Assisant 和 Oracle 企业管理器（Oracle Enterprise Manager,OEM）的登录和使用，并介绍数据库管理员 DBA 的主要职责。

Oracle 企业管理器 OEM 提供了一个易于理解的、基于 Internet 标准的管理框架。它为管理员提供了一个稳定的控制台程序、一组实用的管理工具，并且能够帮助管理员检测、分析、解决可能发生的各种类型的问题。

通过本项目的学习，将会掌握 Oracle 10g 企业管理器的框架结构，学会配置企业管理器。通过企业管理器，Oracle DBA（数据库管理员）可以管理数据库、用户、表和表空间以及其他 Oracle 数据库对象（如视图、索引和触发器）。

【教学导航】

	能力（技能）目标	知识目标	情感目标
教学目标	① 了解 Oracle DBA； ② 使用 OEM 管理数据库	① 了解 Oracle DBA 的主要职责和工作； ② 了解常见的 Oracle 系统管理工具	培养动手能力及自学能力
教学重点	Oracle 系统管理工具的使用		
教学难点	登录 OEM		
课时建议	8		
能力训练任务及案例	项目 4.1　数据库管理员的相关知识 　　任务 4-1　数据库管理员 项目 4.2　Oracle 系统管理工具 　　任务 4-2　OEM 企业管理器 　　任务 4-3　数据库配置助手 　　任务 4-4　SQL * Plus 与 iSQL * Plus		

项目 4.1　数据库管理员的相关知识

任务 4-1　数据库管理员

表 4-1 所示为本任务的任务卡。

表 4-1　任务卡

任务编号	4-1	任务名称	数据库管理员
计划课时	1	所属项目名称	数据库管理员和 Oracle 系统管理工具
任务重点	① DBA 的概念； ② DBA 的职责		
任务难点	DBA 的职责		
教学方法	任务驱动法、分组讨论法		
任务描述	数据库管理员的概念和系统数据库管理员的职责		

【核心能力】

掌握数据库管理员的概念和职责。

【任务完成过程】

首先要明确的概念是什么是数据库管理员（Database Administrator,DBA），对于商业软件系统，数据库就是其"大脑"，而数据库管理员是负责管理这个"大脑"的工作人员，其重要性不言而喻。下面来学习数据库管理员的主要工作有哪些。

1．数据库管理员的工作

1）安装和升级 Oracle 数据库

安装和升级 Oracle 数据库是在项目开始阶段数据库管理员所要执行的必要任务。

2）创建、管理数据库和数据库对象

一般而言，要管理的数据库对象主要包括以下几个部分。

（1）管理数据库对象：

① 创建数据库和数据库的实例。

② 设置和调整数据库选项。

③ 删除数据库。

（2）管理表和表空间：

① 创建表。

② 调整表。

③ 创建表空间。

④ 调整表空间。

（3）管理视图、索引和触发器：

① 管理视图。

② 管理索引。

③ 管理触发器。

用户管理主要包括使用数据库管理工具创建用户、管理用户和删除用户。

（4）其他任务：

① 设计系统存储方案，并制定未来的存储需求计划。

② 根据开发人员的反馈信息，在必要的时候修改数据库的结构。

③ 监督用户对数据库的存取访问，维护数据库的安全性。

④ 保证数据库的使用符合知识产权的相关法规。

⑤ 监控和优化数据库的性能。

⑥ 维护适当介质上的存档或者备份数据。

2．数据库管理员的权限

在 Oracle 数据库中，数据库管理员也是有着不同的权限区分的，分别是 SYSDBA、SYSOPER 和 DBA，下面简单了解一下其作用和区别。

1）SYSDBA

SYSDBA 是 Oracle 数据库中的最高权限，该权限可以执行启动数据库、关闭数据库、建立和备份数据库等几乎所有对数据库系统的操作。一般情况下，系统默认的 SYSDBA 权限只有默认用户 SYS 才拥有。

2）SYSOPER

SYSOPER 是一种比 SYSDBA 的权限略小一些的权限，主要任务是启动和关闭数据库，并不具有建立和备份数据库的权力。

3）DBA

拥有 DBA 权限的角色的主要工作任务是在系统开启的状态下对数据库进行各种具体的管理操作，这种权限不能够对数据库本身进行任何操作，还要对系统管理担负起重要的责任。

总之，Oracle 10g 是一个十分庞大的数据库系统，在其内部有许多数据库对象，前面介绍的表、视图、索引和触发器只是其中的一小部分，除此之外的一些数据库对象，如存储过程等内容，都是数据库管理员的职责范畴，要想学好数据库，就要全面地了解数据库的相关知识。

3．数据库管理员的特点和标准

很多时候管理人员都忽视了 DBA 的个性特点，只关注 DBA 的技术能力。实际上，上面谈到的每个问题都意味着 DBA 需要跟各种人员"打交道"，这些人员可能是销售商、用户、开发人员或者管理人员。这说明，DBA 必须具有自信心、好奇心、坚韧的意志力、老练、自我驱动、注意细节等个性特点。几乎所有的数据库系统都在不停更新，但并不是所有的更新都有技术文档。对于好的 DBA 来说，以上特点是必需的。很少有人会在你遇到问题的时候热忱、认真地将答案或者结果送到你面前，一个成熟的 DBA 在遇到数据库方面的问题时会立即搜寻这些问题，哪怕是细微的功能和性能上的差异和增强，从而改进自己的工作。在学习和研究的过程中我们也要这样思考：你手头有哪些参考资料？你如何使用它们？毫

无疑问,如果只知道系统提供的数据库的文档,或者甚至没有读过它们,你的能力和价值将大大下降。

项目 4.2 Oracle 系统管理工具

任务 4-2 OEM 企业管理器

表 4-2 所示为本任务的任务卡。

表 4-2 任务卡

任务编号	4-2	任务名称	OEM 企业管理器
计划课时	3	所属项目名称	数据库管理员和 Oracle 系统管理工具
任务重点	① 登录 OEM; ② OEM 的功能介绍		
任务难点	登录 OEM 并了解和熟悉 OEM 的作用		
任务描述	登录并使用 OEM 管理数据库		

【核心能力】

登录 OEM,了解 OEM 有哪些功能。

【任务完成过程】

Oracle 企业管理器(Oracle Enterprise Manager,OEM)是 Oracle 提供的一个基于 Web 的图形化数据库管理工具。通过 OEM,用户可以完成几乎所有的原来只能通过命令行方式完成的工作,包括数据库对象、用户权限、数据文件、定时任务的管理,数据库参数的配置,备份与恢复,性能的检查与调优等。

1. 登录 OEM

既然作为数据库管理工具,那么在使用上就一定要有权限的控制来进行使用者身份的验证,简而言之就是登录。在此之前,需要确定数据库的 DBConsole 进程是打开的,当然,对于创建过的数据库,系统会默认打开与其相关的所有进程,在这里介绍一下启动 DBConsole 服务的方法:

(1)单击"开始"按钮,选择"设置→控制面板"命令,然后双击"管理工具"和"服务"图标。

(2)在"服务"管理界面中选中 OracleDBConsolestudent 进程项。

(3)右击打开弹出式菜单,选择"启动"命令,即可启动该进程。

(4)重新选中 OracleDBConsolestudent 进程项,此时该进程的状态为"已启动",如图 4-1 所示。右击打开弹出式菜单,选择"停止"命令,即可停止该进程。

另外,也可以使用命令行的方法启动 DBConsole 服务,其命令为 emctl start dbconsole。

另外,在"服务"管理界面中可以看到,关于 Oracle 的项目有很多,具体含义如下。

• OracleDBConsoleORCL:企业管理器服务;

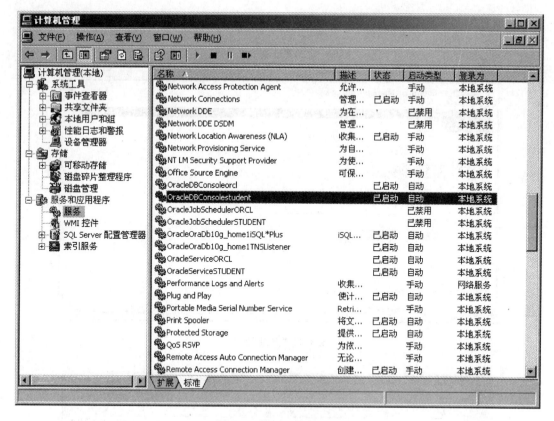

图 4-1　"服务"管理界面

- OracleJobSchedulerORCL：Oracle 作业调度服务；
- OracleOraDb10g_home1iSQL ∗ Plus：iSQL ∗ Plus 服务；
- OracleOraDb10g_home1TNSListener：Oracle 数据库监听服务；
- OracleSNMPPeerMasterAgent：简单网络管理协议（Simple Network Management Protocol，SNMP），它是一个标准的互联网协议，能使网络中的节点针对网络设备和应用程序访问其状态和活动，所有发给网络节点的请求都由同一个主代理（Master Agent）来处理；
- OracleSNMPPeerEncapsulator：该服务只有在系统中配置并安装了一个以上的 SNMP 副代理时才需要封装器（Encapsulator）。

下面介绍 Oracle 企业管理器 OEM 的登录：

首先打开浏览器，然后在地址栏中输入"http://hostname：port/em"，按回车键。

其中，hostname 指的是主机名，port 代表 OEM 控制工具的监听端口号，按回车键之后，可以看到"登录"界面，如图 4-2 所示。

这里使用特权用户 SYS 以 SYSDBA 的身份登录 OEM，其中，"用户名"是 SYS，"口令"（即密码）是安装时设置的，"连接身份"选择 SYSDBA，登录成功后就进入了主界面，如图 4-3 所示。

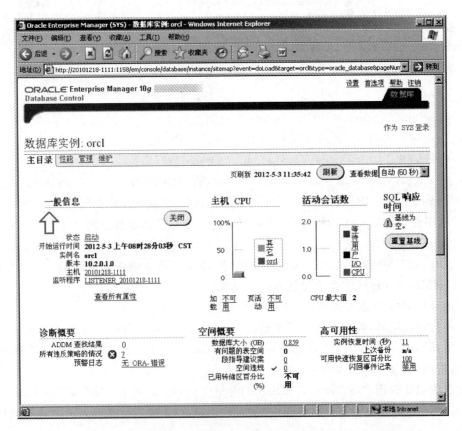

图 4-2 "登录"界面

图 4-3 登录 OEM 后的主界面

2．使用 OEM 管理数据库

在图 4-3 所示的"主目录"选项卡对应的界面中,要以管理员的身份来检测数据库的总体运行状况,主要包括以下几点:

- 监测数据库的启用状态;
- 监测数据库的运行记录;
- 监测数据库的预警信息;
- 监测数据库的空间信息。

1) 监控数据库的性能

除了"主目录"以外,主界面中还有"性能"选项卡,其界面如图 4-4 所示。

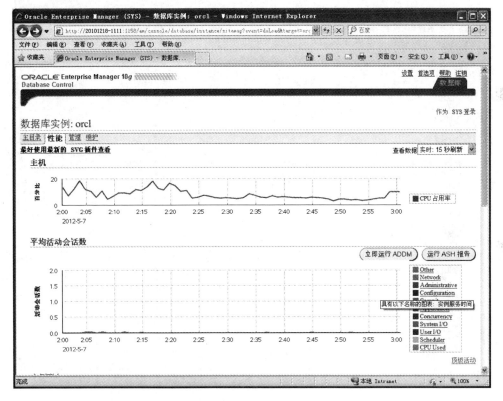

图 4-4　数据库的性能选项界面

对当前数据库性能的监控要从多个角度进行。

首先比较重要的是 CPU 占用率,这里指的是所运行的 Oracle 以及当前数据库占用本机 CPU 的资源率。在图 4-4 中,可以看出在一个小时以内对 CPU 的占用是呈波浪线状变动的,峰值达到了 20％左右。通过这样的分析,就可以对所使用数据库的硬件系统进行分析。建议大家不要让系统数据库在运行的时候占用 CPU 的均值超过 40％以上,因为主机还要同时运行一些其他程序。

除此之外,活动会话数、实例磁盘 I/O 和实例磁盘吞吐量都是要进行性能监控的方面。

总的来说,作为一个好的数据库管理员,应当对所管辖并正在使用的数据库有良好的监

控措施,以避免出现运行缓慢甚至死机等情况。

2)管理数据库界面

进入数据库主界面之后,如果要管理数据库,则切换到"管理"选项卡,进入数据库"管理"界面,如图 4-5 所示。

图 4-5　数据库"管理"界面

在"管理"界面中,主要包括"数据库管理"和"方案"两大模块,另外还有 OM 管理,包括管理员、通知调度和封锁期等。从图 4-5 中不难看出,该界面包含"存储"、"数据库配置"、"数据库调度程序"、"统计信息管理"、"数据库对象"、"程序"、"用户和权限"、"资源管理器"等,在后面的项目中将进行详细的介绍。

3)维护数据库

进入数据库主界面之后,如果要维护数据库,则切换到"维护"选项卡,进入数据库"维护"界面,在维护界面中主要包括"高可用性"、"数据移动"和"软件部署",如图 4-6 所示。

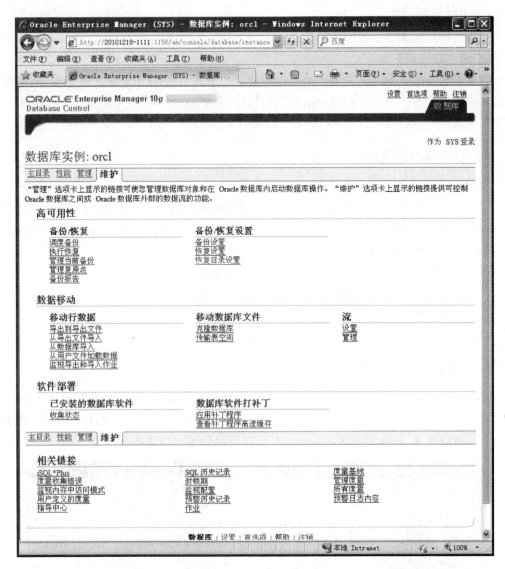

图 4-6　数据库"维护"界面

任务 4-3　数据库配置助手

表 4-3 所示为本任务的任务卡。

表 4-3　任务卡

任务编号	4-3	任务名称	数据库配置助手
计划课时	1	所属项目名称	数据库管理员和 Oracle 系统管理工具
任务重点	① 启动数据库配置助手；② 关闭数据库配置助手		
任务难点	掌握数据库配置助手的使用		
任务描述	掌握数据库配置助手的使用		

【核心能力】

掌握数据库配置助手的使用。

【任务完成过程】

数据库配置助手 DBCA（Database Configuration Assisant）用于建立数据库、配置现有数据库中的数据库选项、删除数据库、管理数据库模板等。例如，如果在安装 Oracle 10g 时没有创建数据库，就可以使用 DBCA 进行创建。

1. 启动数据库配置助手

1）客户端启动方式

单击"开始"按钮，选择"程序→Oracle-OraDb10g_home1→Configuration and Migration Tools→Database Configuration Assisant"命令，启动 DBCA（Database Configuration Assisant），界面如图 4-7 所示。

另外，DBCA 还可以采取命令行的方式启动，方法如下：

（1）单击"开始"按钮，选择"运行"命令。

（2）在打开的"运行"对话框中输入 DBCA。

（3）单击"确定"按钮，打开数据库配置助手界面。

2. 关闭数据库配置助手

关闭 DBCA 只需要在图 4-7 中单击"取消"按钮就可以了，之后可以根据想要完成的工作进行相关的操作。除了创建数据库之外，还要使用 DBCA 完成配置数据库选项、删除数据库等一系列任务，具体的内容将在后面几个项目的学习当中详细介绍。

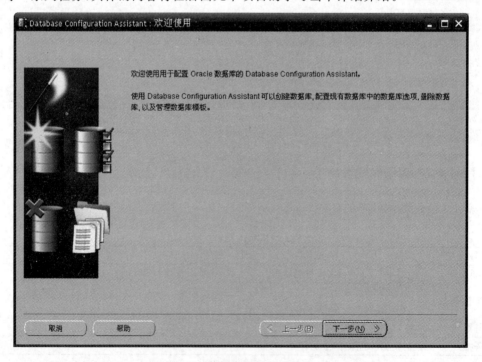

图 4-7　数据库配置助手界面

任务 4-4　SQL * Plus 与 iSQL * Plus

表 4-4 所示为本任务的任务卡。

表 4-4　任务卡

任务编号	4-4	任务名称	SQL * Plus 与 iSQL * Plus
计划课时	3	所属项目名称	数据库管理员和 Oracle 系统管理工具
任务重点	① 在 Windows 环境下运行 SQL * Plus； ② 使用命令行运行 SQL * Plus； ③ 在 Windows 环境下运行 iSQL * Plus； ④ 使用命令行运行 iSQL * Plus		
任务难点	以不同的方式运行 SQL * Plus 与 iSQL * Plus		
任务描述	运行 SQL * Plus 与 iSQL * Plus		

【核心能力】

掌握 SQL * Plus 与 iSQL * Plus 的使用。

【任务完成过程】

1. SQL * Plus 的运行

SQL * Plus 是 Oracle 公司独立的 SQL 语言工具产品，Plus 的意思是 Oracle 公司在标准 SQL 的基础上进行了扩充。它是 Oracle 系列产品中的一个非常重要的、在服务器端和客户端都可以使用的工具，它提供了一个图形化的界面用于运行和调试 SQL 语句。下面介绍如何使用 SQL * Plus。

1) 在 Windows 环境下运行 SQL * Plus

单击"开始"按钮，选择"程序"→Oracle-Oradb10g_home1→Application Development→SQL Plus 命令，启动 SQL * Plus，然后登录相应的目标数据库，如图 4-8 所示，之后就可以进行相关操作了。

这里要注意的是，User Name 和 Password 中应当填写当初建立数据库时所设置的用户名和密码，而 Host String(译为主机字符串)则是目标数据库，例如默认的 orcl 数据库等。

这里要注意一点，当采用的服务器是网络服务器时，Host String(也就是主机字符串)应当输入网络服务器的名称；而对于登录本地服务器而言，Host String 项可以不填，在此情况下，Oracle 会自动登录默认服务器。

2) 通过命令行的方式启动 SQL * Plus

命令的格式如下：

```
SQLPLUS[username]/[pwd][@server]as[SYSDBA]|[SYSOPER]
```

- username：数据库的用户名。
- pwd：指定用户的密码。
- @server：在网络服务器下的服务名。
- [SYSDBA]|[SYSOPER]：以 SYSDBA 或者 SYSOPER 身份登录。

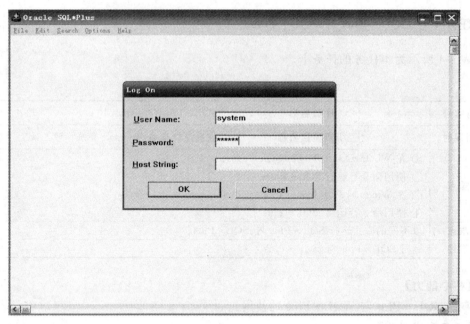

图 4-8   登录 SQL * Plus 的界面

其具体的操作如下：

单击"开始"按钮，选择"运行"命令，在打开的对话框中输入 CMD，并输入命令，如图 4-9 所示。

3）SQL * Plus 环境介绍

SQL * Plus 采取交互式的操作环境，用户可以在该环境下输入 SQL 命令并执行。SQL * Plus 环境提供了 5 个菜单项。其中，"文件"的功能是存取 PL/SQL 命令或 SQL 程序，文件一般以 .sql 作为扩展名。

SQL * Plus 使用的是行编辑器，其实就是执行系统当中的 CMD 程序，所以在这种情况下是不太容易进行语句编译的，所以这里可以输入"EDIT"调用外部编辑器，这样使用 CMD 进行编辑就方便了许多，这里需要注意的是，通过调用外部编辑器修改的 SQL 命令不能包含 SQL 命令的结束符"；"。

一旦进入到外部编辑器环境，系统会自动将当前行编辑缓冲区的 SQL 命令或 PL/SQL 程序调入到编辑器中，用户可以随意修改并保存，默认文件名是 afiedt.buf。如果从菜单栏中选择"文件→保存"命令，则当前编辑器中的内容将保存到 afiedt.buf 文件中；如果选择"文件→另存为"命令，则编辑器中的内容将保存到指定的文件中。当修改完毕保存后，关闭窗口，系统将回到行编辑工作区，同时外部编辑器中当前的内容也放入了行编辑缓冲区，输入符号"/"，符号"/"是在 SQL * Plus 环境下执行命令的符号，以便继续执行修改后的命令或程序，如图 4-9 所示。

2. iSQL * Plus 的运行

1）启动服务

iSQL * Plus 是 SQL * Plus 在浏览器中实现的方式，可以认为我们对于 SQL * Plus 的

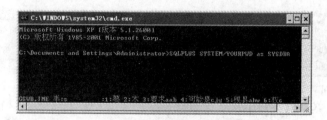

图 4-9　命令行界面

使用,其实有很多是通过 iSQL＊Plus 实现的,下面介绍 iSQL＊Plus 的启动。

对于启动 iSQL＊Plus,首先必须在 Oracle 服务器上启动 iSQL＊Plus 的相关服务,在之前的内容中我们已经介绍了如何启动系统中的各种服务项,这里不再赘述,如图 4-10 所示。

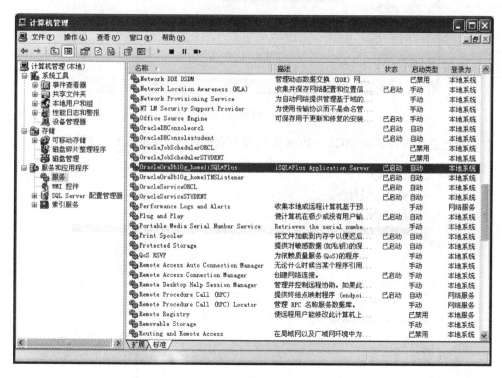

图 4-10　"服务"管理界面

2) 运行 iSQL＊Plus

打开浏览器,然后在浏览器的地址栏中输入"http：//hostname：port/iSQL＊Plus",按回车键,在打开的界面中输入用户名和口令,并输入连接标识符,如图 4-11 所示。其中,hostname 指主机名,port 是端口号。

从图 4-11 可以很明确地看到什么叫以浏览器的方式去实现 SQL＊Plus 的功能。另外,连接标识符是网络服务器下的必选项,也就是当 Oracle 服务器是网络服务器时,应在此项上填写将要登录的网络服务器的名字。对于本地服务器而言,如果不填此项,默认登录本地服务器。

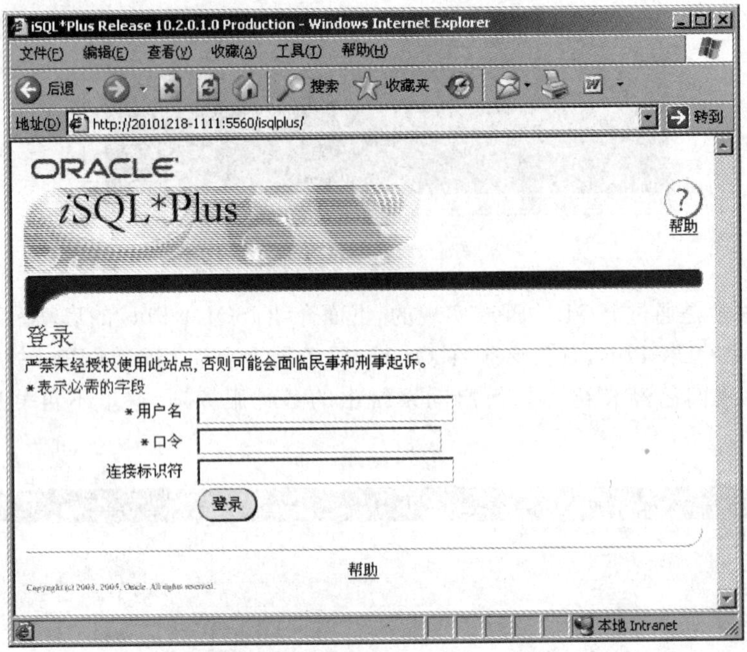

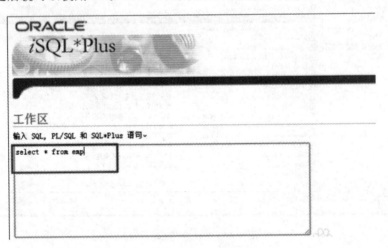

图 4-11　iSQL * Plus 的登录界面

在登录之后就可以使用 iSQL * Plus 去实现查询等内容了,如图 4-12 所示。

图 4-12　使用 iSQL * Plus 实现查询

【习题】

1. 填空题

(1) _____是拥有 SYSDBA 权限的用户。

(2) SYSOPER 的主要任务是_____。

(3) 在使用浏览器运行 iSQL * Plus 的操作中,在浏览器的地址栏中输入"http://hostname:port/iSQL * Plus",其中,hostname 指_____,port 指_____。

（4）OracleOraDb10g_home1TNSListener 服务项是指_____。

（5）启动 OracleDBConsole 服务项的命令是_____。

2.选择题

（1）DBA 指（　　）。

    A. 系统管理员   B. 数据库操作员

    C. 数据库管理员   D. 操作员

（2）在下列选项中,DBCA 数据库配置助手的主要作用不包括（　　）。

    A. 建立数据库   B. 管理数据库中的用户

    C. 删除数据库   D. 配置现有数据库的选项

（3）图 4-13 中选中的服务是（　　）。

    A. 企业管理器服务   B. 数据库服务

    C. 作业调度服务   D. iSQL＊Plus 服务

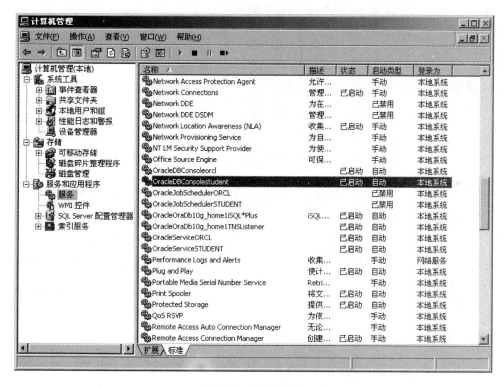

图 4-13　服务界面

（4）图 4-14 所示为 Oracle 系统管理工具中常用的一种,它是（　　）。

    A. iSQL＊Plus   B. SQL＊Plus

    C. DBCA 数据库配置助手   D. OEM 企业管理器

（5）iSQL＊Plus 可以用（　　）方式打开。

    A. 命令行   B. 浏览器窗口

    C. Windows 窗口   D. 以上都对

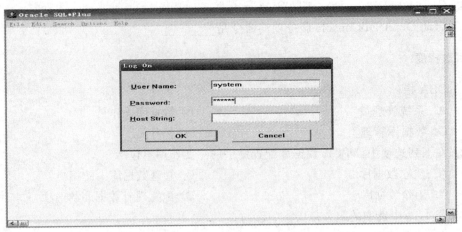

图 4-14　登录 SQL ∗ Plus 的界面

(6) OEM 是一个借助于(　　　)的控制工具。

　A. Windows 窗口　　　　　　　　　　　B. 浏览器窗口

　C. Windows 窗口与浏览器窗口　　　　　D. 以上都不对

3. 简答题

(1) 说说你对数据库管理员(DBA)的认识。

(2) 有关 Oracle 服务的项目有哪些? 含义是什么?

实训　练习 Oracle 系统管理工具

实训目的

(1) 掌握 OEM 企业管理器。

(2) 掌握 SQL ∗ Plus。

(3) 掌握 iSQL ∗ Plus。

实训要求

根据内容要求完成操作,熟悉并且掌握常用的 Oracle 10g。

实训内容

1. 按要求操作 OEM 企业管理器

(1) 图 4-15 所示为企业管理器的登录界面,请输入正确的用户名、口令并选择正确的连接身份登录 OEM。

(2) 图 4-16 所示为 OEM 的主界面,大家也可以登录自己的 OEM,在主界面中查看当前状态下的 CUP 使用率以及活动会话数。

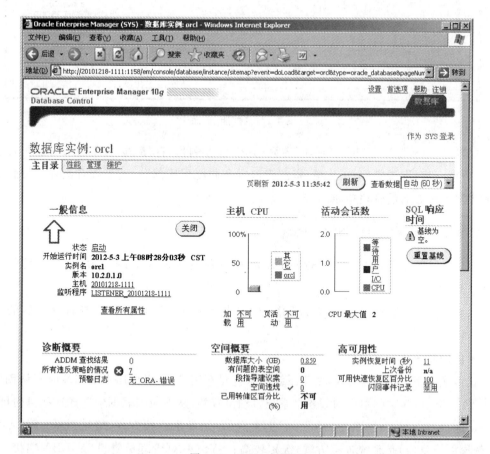

图 4-15 "登录"界面

图 4-16 OEM 主界面

（3）在 OEM 主界面中查看当前状态下的诊断概要、空间概要和可用性信息。

（4）图 4-17 所示为"性能"界面，请查看较为详细的 CPU 使用率折线图和会话占用数。

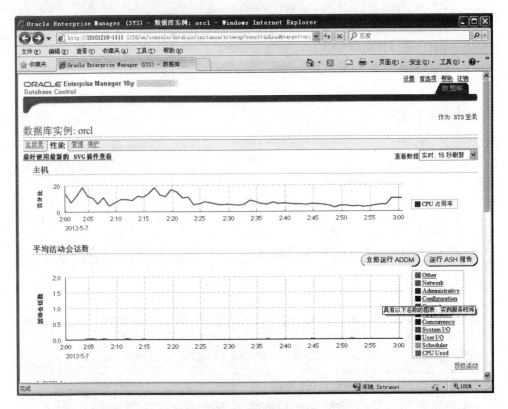

图 4-17 "性能"界面

（5）图 4-18 所示为 OEM"管理"界面，其中包含例程、存储、安全性、方案、企业管理器管理、数据仓库、配置管理、工作量、资源管理器和调度程序部分，这里查看例程、存储、安全性和方案 4 个方面的管理功能。

2. 登录 SQL＊Plus 和 iSQL＊Plus

（1）使用特权用户 SYS 以 SYSDBA 的身份登录 SQL＊Plus，并查看登录后的工作环境。

（2）使用特权用户 SYS 以 SYSDBA 的身份登录 iSQL＊Plus，并查看登录后的工作环境。

常见问题分析

在首次登录 OEM 的时候，由于系统尚未创建新用户，所以使用系统安装时默认创建的用户 SYS 登录，针对此用户的服务是系统自动设置的，从下拉列表框中选择连接身份即可。Oracle 连接身份有 3 种，其中，Normal（正常身份）是基本连接方式，级别最低；SYSOPER（系统操作员身份）是系统连接方式，级别较高；SYSDBA（管理员身份）是 DBA 连接方式，级别最高。一般用户以 Normal 身份连接，SYS 的连接身份是 SYSDBA。

图 4-18　"管理"界面

在"主目录"对应的界面中,主要包含以下几项内容。

(1)"一般信息"部分:显示了运行状态、时间版本信息等。

(2)"主机 CPU"部分:粗略地显示了主机 CPU 的使用情况。

(3)"活动的会话数"部分:显示当前数据库中活动的会话以及 SQL 统计信息。

(4)"高可用性"部分:显示与例程相关的可用性信息,其中"闪回事件记录"显示为"禁用",表明数据库处于"非归档模式"。

(5)"空间概要"部分:显示数据库空间的使用情况。

(6)"诊断概要"部分:显示数据库执行的基本情况,数据库诊断由数据库诊断监视器自动完成。

项目 5

Oracle数据库的创建与管理

【教学导航】

	能力（技能）目标	知识目标	情感目标
教学目标	① 能够掌握使用 Oracle 创建数据库的方法； ② 能够对 Oracle 数据库进行管理	① 了解 Oracle 数据库的概念和特点； ② 熟练掌握利用 DBCA 管理数据库的方法	① 团队合作精神； ② 站在用户角度考虑问题的思想； ③ 独立完成任务的能力
教学重点	Oracle 数据库的创建		
教学难点	Oracle 数据库的管理		
课时建议	4		
能力训练任务及案例	项目 5.1　Oracle 数据库的创建 　任务 5-1　创建 Oracle 数据库 项目 5.2　Oracle 数据库的管理 　任务 5-2　查看数据库信息 　任务 5-3　启动和关闭数据库 　任务 5-4　删除数据库 项目 5.3　表空间的管理 　任务 5-5　管理表空间		

　　创建数据库和表是 Oracle 10g 最基本的工作。本项目将介绍数据库的基本概念，以及创建数据库的方式。

项目 5.1　Oracle 数据库的创建

任务 5-1　创建 Oracle 数据库

　　表 5-1 所示为本任务的任务卡。

表 5-1 任务卡

任务编号	5-1	任务名称	Oracle 数据库的创建
计划课时	1	所属项目名称	Oracle 数据库的创建与管理
任务重点	数据库的创建		
任务难点	数据库的创建		
教学方法	任务驱动法、分组讨论法、三步训练法、案例教学法		
任务描述	根据用户的情况创建 student 数据库		

【核心能力】

能够熟练使用 Oracle 数据库配置助手创建数据库实例,掌握使用 DBCA 创建数据库的一般步骤。

【任务完成过程】

使用 DBCA 创建数据库的步骤虽然比较多,但操作起来比较简单,下面以创建名为 student 的数据库为例进行介绍。

(1) 单击"开始"按钮,选择"所有程序→Oracle-OraDb10g_home1→配置和移植工具→ Database Configuration Assistant"命令,启动 DBCA,如图 5-1 所示。

图 5-1 启动 DBCA

(2) 启动 DBCA 后,DBCA 被激活并初始化,如图 5-2 所示。DBCA 初始化完成后会自动进入"欢迎使用"界面,如图 5-3 所示。

(3) 单击"下一步"按钮,进入数据库管理的"操作"界面,如图 5-4 所示。

图 5-2　DBCA 被激活并初始化

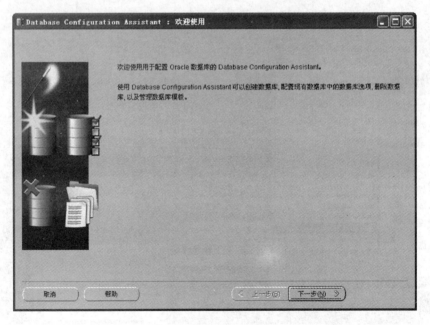

图 5-3　"欢迎使用"界面

　　在"操作"界面中,用户可以选择要通过 DBCA 执行的数据库操作,包括"创建数据库"、"配置数据库选项"、"删除数据库"、"管理模板"和"配置自动存储管理"。单击"下一步"按钮,进入"数据库模板"界面,如图 5-5 所示。

　　(4) 选择"一般用途"单选按钮,单击"下一步"按钮,进入"数据库标识"界面,如图 5-6

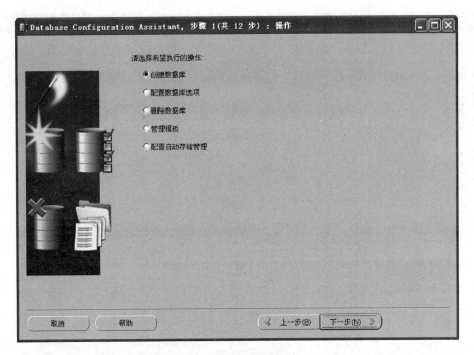

图 5-4 "操作"界面

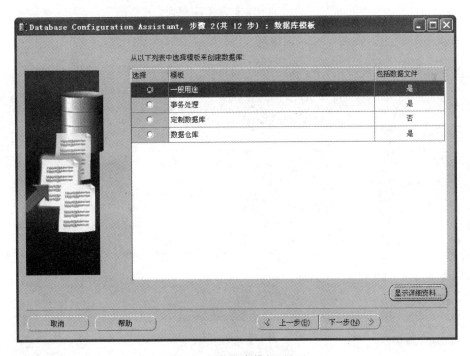

图 5-5 "数据库模板"界面

所示。"全局数据库名"是能够在网络上唯一标识每个 Oracle 数据库的标识符,它由 Oracle SID 和网络名称组成。为了标识方便,此处把 Oracle 数据库的"全局数据库名"和 SID 都设置为 student。

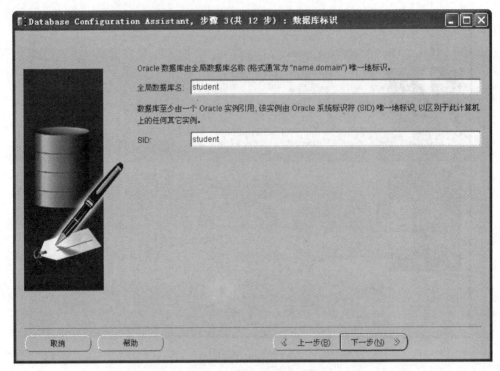

图 5-6 "数据库标识"界面

（5）单击"下一步"按钮，进入"管理选项"界面，如图 5-7 所示。

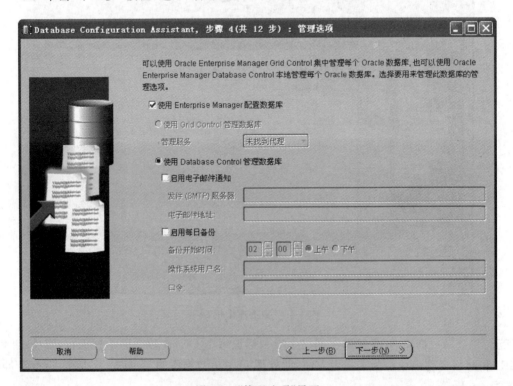

图 5-7 "管理选项"界面

（6）保持默认项，单击"下一步"按钮，进入"数据库身份证明"界面，如图5-8所示。

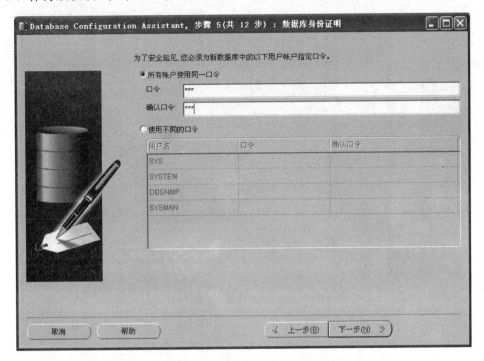

图 5-8 "数据库身份证明"界面

（7）单击"下一步"按钮，进入"存储选项"界面，如图5-9所示。

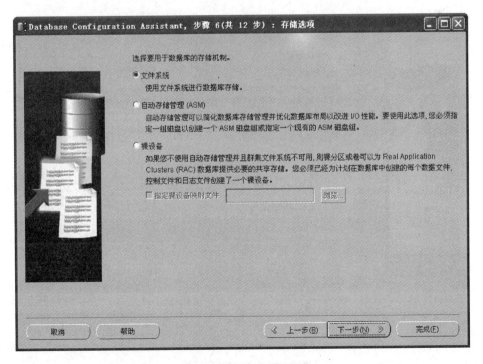

图 5-9 "存储选项"界面

（8）单击"下一步"按钮，进入"数据库文件所在位置"界面，如图 5-10 所示。

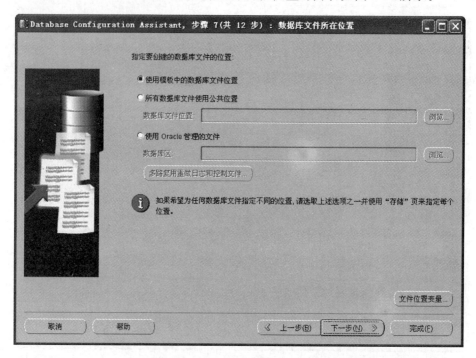

图 5-10 "数据库文件所在位置"界面

这里"指定要创建的数据库文件的位置"为"使用模板中的数据库文件位置"。

（9）单击"下一步"按钮，进入"恢复配置"界面，如图 5-11 所示。

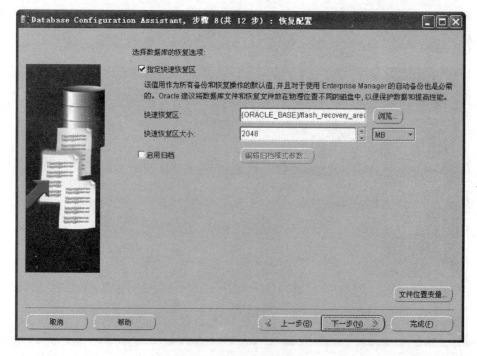

图 5-11 "恢复配置"界面

（10）单击"下一步"按钮，进入"数据库内容"界面，如图5-12所示。

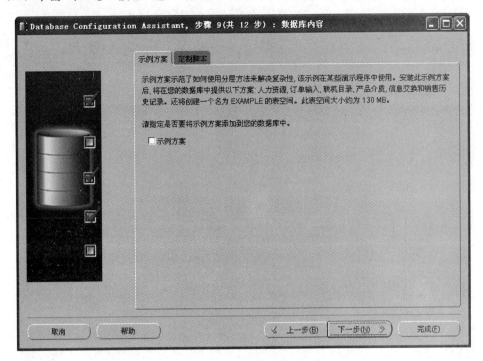

图5-12　"数据库内容"界面

（11）单击"下一步"按钮，进入"初始化参数"界面，如图5-13所示。

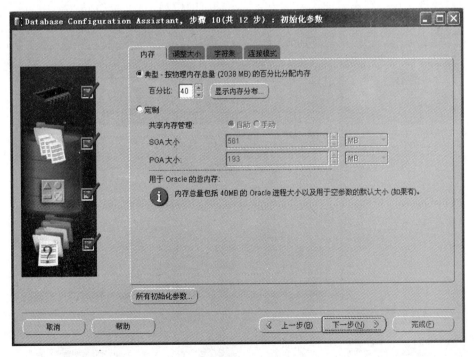

图5-13　"初始化参数"界面

"初始化参数"界面中包含"内存"、"调整大小"、"字符集"和"连接模式"4个选项卡。

(12) 单击"下一步"按钮,进入"数据库存储"界面,如图5-14所示。

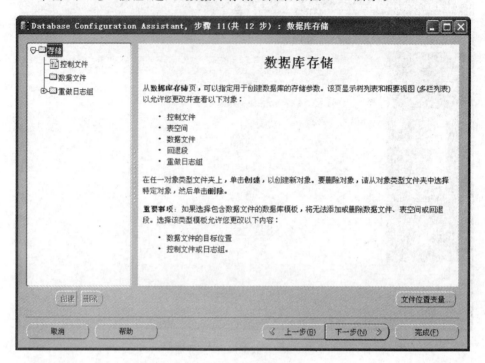

图5-14　"数据库存储"界面

选择"控制文件",在右边的子窗口中会显示相应的信息,如图5-15所示。

图5-15　查看控制文件

（13）单击"下一步"按钮，进入"创建选项"界面，如图 5-16 所示。在此界面中可以设置两个选项，即"创建数据库"和"另存为数据库模板"。

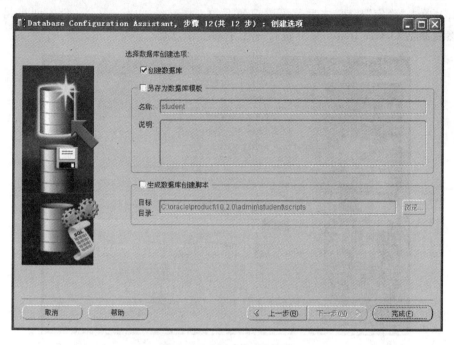

图 5-16　"创建选项"界面

（14）单击"完成"按钮，进入"确认"界面，如图 5-17 所示。

图 5-17　"确认"界面

通过此界面,可以查看将要创建的数据库详细数据。单击"另存为 HTML 文件"按钮,可以将这些信息保存为 HTML 文件,供以后查看。

(15)单击"确定"按钮,之后就可以把剩下的工作交给 DBCA 了,它会先创建起始参数文件,然后激活 Oracle Instance 并进行一连串的工作,如图 5-18 所示。

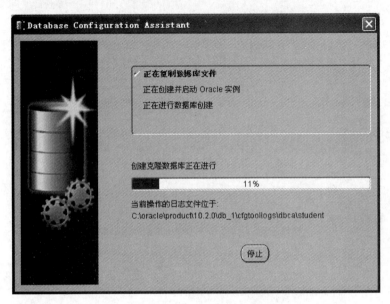

图 5-18　自动创建数据库的过程

当出现如图 5-19 所示的界面时,说明安装已经完成,用户可以单击下方的"口令管理"按钮进行调整。

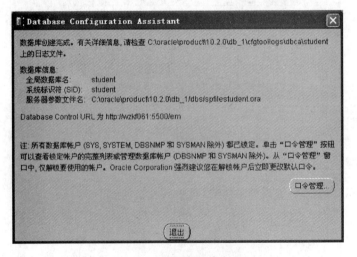

图 5-19　数据库创建完成

此时会弹出如图 5-20 所示的对话框,其中列出了所有的系统初始用户。在数据库创建完毕后,需要设置数据库的默认用户。在 Oracle 中为管理员预置了两个用户,分别是 SYS 和 SYSTEM。同时 Oracle 为程序测试提供了一个普通用户——SCOTT,在口令管理中,可以对数据库用户设置密码,设置是否锁定。在 Oracle 客户端使用用户名和口令(即密码)登录 Oracle 系统后才能对数据库进行操作。选择某个用户,单击"是否锁定账户?"栏,锁定该用户或解除锁定。若要在此时修改口令,则在"新口令"和"确认口令"栏中输入相同的口令。设置完毕后,单击"确定"按钮,至此完成了创建数据库的全部操作。

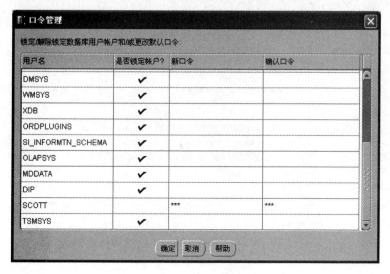

图 5-20　"口令管理"对话框

项目 5.2　Oracle 数据库的管理

任务 5-2　查看数据库信息

表 5-2 所示为本任务的任务卡。

表 5-2　任务卡

任务编号	5-2	任务名称	查看数据库信息
计划课时	0.5	所属项目名称	Oracle 数据库的创建与管理
任务重点	查看数据库的详细信息		
任务难点	查看数据库的详细信息		
教学方法	任务驱动法、分组讨论法、三步训练法、案例教学法		
任务描述	根据用户的情况查看 student 数据库的信息		

【核心能力】

学会使用 OEM 查看数据库有关信息的方法。本任务使用 OEM 方式查看 student 数据库的用户信息、控制文件、表空间信息。

【任务完成过程】

(1) 使用 DBA 用户 SYS 登录到 OEM,然后单击"管理"选项卡中的"用户"超链接,查看默认用户信息,如图 5-21 所示。

(2) 退回根控制台,单击"管理"选项卡中的"控制文件"超链接,查看默认控制文件信息,如图 5-22 所示。

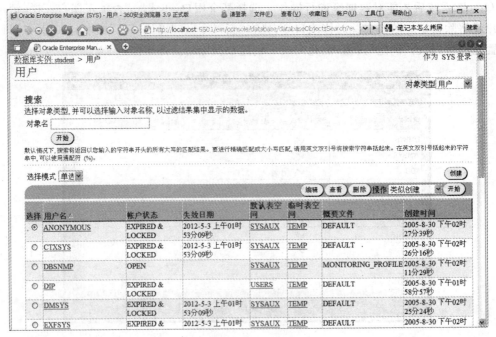

图 5-21　查看默认用户信息

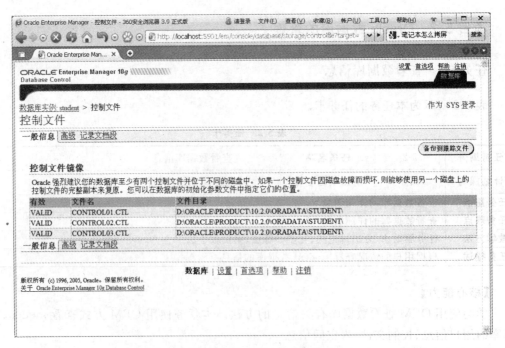

图 5-22　查看默认控制文件信息

（3）退回根控制台，单击"管理"选项卡中的"表空间"超链接，查看默认表空间信息，如图 5-23 所示。

说明：其他数据库信息均可以使用类似的方法查看。

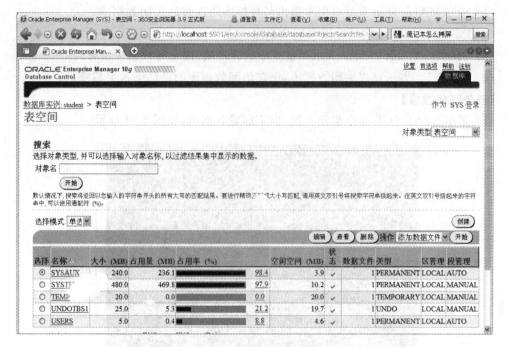

图 5-23   查看默认表空间信息

任务 5-3   启动和关闭数据库

表 5-3 所示为本任务的任务卡。

表 5-3   任务卡

任务编号	5-3	任务名称	启动和关闭数据库
计划课时	0.5	所属项目名称	Oracle 数据库的创建与管理
任务重点	启动和关闭数据库		
任务难点	启动和关闭数据库		
教学方法	任务驱动法、分组讨论法、三步训练法、案例教学法		
任务描述	启动和关闭 student 数据库		

【核心能力】

学会启动和关闭数据库的方法。

使用命令行方式启动数据库的格式如下：

STARTUP[NOMOUNT|MOUNT|OPEN][PFILE = <初始化参数文件名及路径>]

（1）NOMOUNT：表示启动实例，但不加载数据库。

（2）MOUNT：表示启动实例并加载数据库，但不打开数据库。

（3）OPEN：表示启动实例并加载数据库，同时打开数据库。

使用命令行方式关闭数据库的格式如下：

SHUTDOWN[NORMAL|IMMEDLATE|TRANSACTIONAL|ABORT]

（1）NORMAL：表示当所有用户退出与数据库的连接后关闭数据库。

（2）IMMEDLATE：表示立即关闭数据库。

（3）TRANSACTIONAL：表示尽量少影响客户端，避免客户丢失信息。

（4）ABORT：表示直接关闭数据库，正在访问数据库的会话会被突然终止。

【任务完成过程】

（1）使用 STARTUP 命令启动实例，但不加载数据库，如图 5-24 所示。

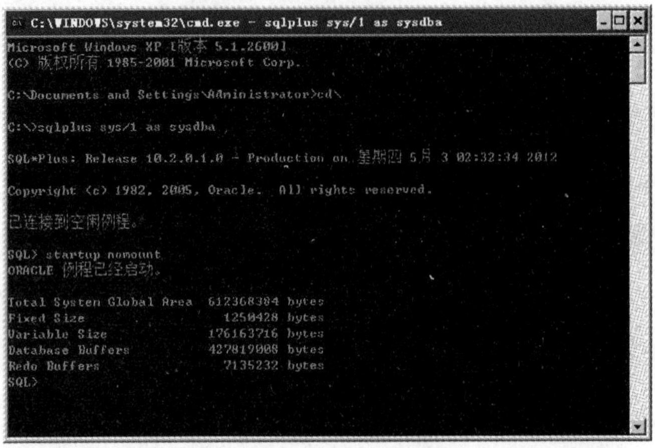

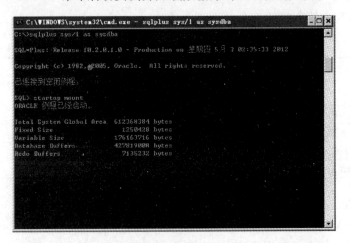

图 5-24　启动实例但不加载数据库的界面

（2）使用 STARTUP 命令启动实例并加载数据库，但不打开数据库，如图 5-25 所示。

图 5-25　启动实例并加载数据库但不打开数据库的界面

（3）使用 STARTUP 命令启动实例并加载数据库，同时打开数据库，如图 5-26 所示。

（4）以 IMMEDIATE 方式关闭数据库，如图 5-27 所示。

关闭的过程为首先关闭数据库，然后卸载数据库，最后关闭实例。关闭数据库的过程与数据库的启动模式有关。例如，如果数据库以 MOUNT 方式启动，则关闭数据库的过程为先卸载数据库，再关闭实例。

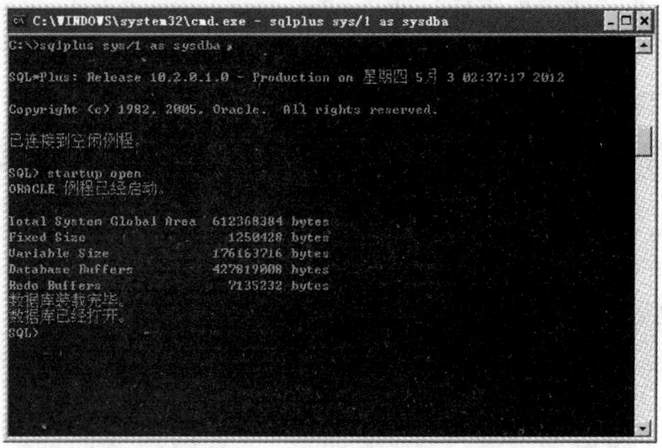

图 5-26　启动实例并加载数据库同时打开数据库的界面

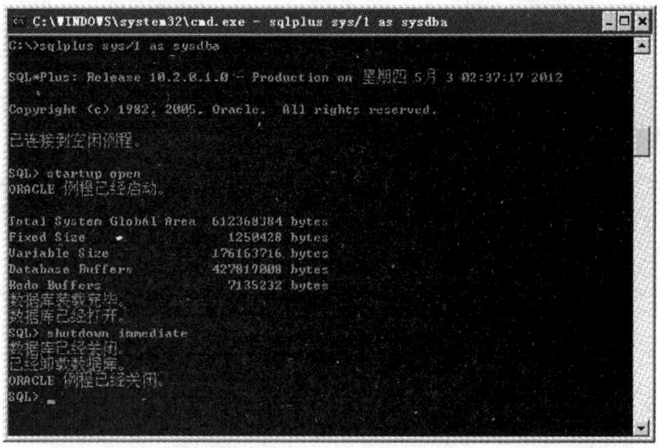

图 5-27　以 IMMEDIATE 方式关闭数据库的界面

任务 5-4　删除数据库

表 5-4 所示为本任务的任务卡。

表 5-4　任务卡

任务编号	5-4	任务名称	删除数据库
计划课时	1	所属项目名称	Oracle 数据库的创建与管理
任务重点	删除数据库		
任务难点	删除数据库		
教学方法	任务驱动法、分组讨论法、三步训练法、案例教学法		
任务描述	根据用户的情况删除 student 数据库		

【核心能力】

学会在 DBCA 中删除指定 Oracle 数据库实例的方法和一般步骤。

【任务完成过程】

删除数据库是在 DBCA 中完成的,操作步骤如下:

（1）单击"开始"按钮，选择"所有程序→Oracle-OraDb10g_home1→配置和移植工具→Database Configuration Assistant"命令，启动 DBCA。进入 DBCA 后，选择"删除数据库"单选按钮，如图 5-28 所示。

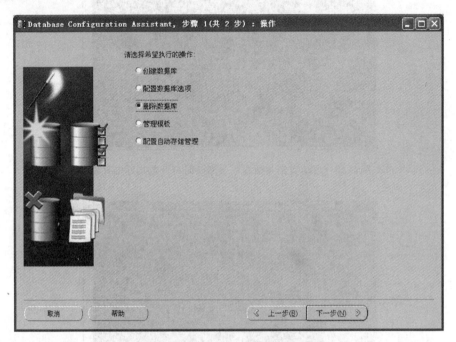

图 5-28　选择"删除数据库"单选按钮

（2）单击"下一步"按钮，进入选择要删除数据库的界面，如图 5-29 所示。

图 5-29　选择要删除数据库的界面

（3）选择要删除的数据库，单击"下一步"按钮，弹出概要提示框，如图 5-30 所示。

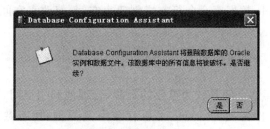

图 5-30　概要提示框

（4）单击"确定"按钮，系统会再一次弹出提示框让用户确认，单击"是"按钮，会出现数据库删除进度界面，如图 5-31 所示。

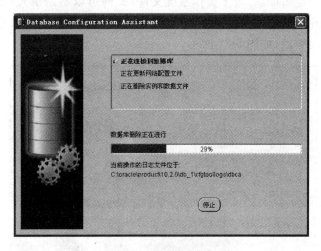

图 5-31　数据库删除进度界面

删除过程全部结束后，student 数据库就被成功删除了。

项目5.3　表空间的管理

任务 5-5　管理表空间

表 5-5 所示为本任务的任务卡。

表 5-5　任务卡

任务编号	5-5	任务名称	管理表空间
计划课时	1	所属项目名称	Oracle 数据库的创建与管理
任务重点	① 表空间的创建； ② 表空间的修改； ③ 表空间的删除		
任务难点	表空间的修改		
教学方法	任务驱动法、分组讨论法、三步训练法、案例教学法		
任务描述	根据用户的情况创建、修改表空间和删除表空间		

【核心能力】

能够熟练使用 Oracle 数据库命令行方式创建表空间、修改表空间、删除表空间。

【任务完成过程】

1. 表空间的概念

在数据库系统中,存储空间是较为重要的资源,合理地利用空间,不仅能节省空间,还可以提高系统的效率和工作性能。Oracle 可以存放海量数据,所有数据都在数据文件中存储。但数据文件大小受操作系统限制,并且过大的数据文件对数据的存取性能影响非常大。同时 Oracle 是跨平台的数据库,Oracle 数据可以轻松地在不同平台上移植,那么如何才能提供统一存取格式的大容量呢? Oracle 采用表空间来解决。

表空间只是一个逻辑概念,若干操作系统文件(文件可以不是很大)可以组成一个表空间。表空间统一管理空间中的数据文件,一个数据文件只能属于一个表空间。一个数据库空间由若干个表空间组成,如图 5-32 所示。

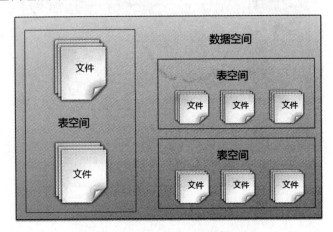

图 5-32　数据空间、表空间和数据文件

Oracle 中所有的数据(包括系统数据)全部保存在表空间中,常见的表空间有系统表空间、TEMP 表空间和用户自定义表空间。

(1) 系统表空间:存放系统数据,系统表空间在数据库创建时创建。表空间名称为 SYSTEM,用于存放数据字典和视图以及数据库结构等重要的系统数据信息,在运行时如果 SYSTEM 空间不足,对数据库的影响会比较大,虽然在系统运行过程中可以通过命令扩充空间,但还是会影响数据库的性能,因此有必要在创建数据库时适当地把数据文件设置得大一些。

(2) TEMP 表空间:临时表空间,在安装数据库时创建,可以在运行时通过命令增大临时表空间。临时表空间的重要作用是对数据排序。例如当用户执行了 ORDER BY 等命令后,服务器需要对所选取的数据进行排序,如果数据很大,内存的排序区可能装不下,则需要把一些中间的排序结果写在硬盘的临时表空间中。

(3) 用户自定义表空间:用户可以通过 CREATE TABLESPACE 命令创建表空间。

2. 数据库、实例、用户、表空间、表之间的关系

（1）数据库：Oracle 数据库是数据的物理存储，包括数据文件 ORA 或者 DBF、控制文件、联机日志、参数文件。其实，Oracle 数据库的概念和其他数据库不一样，这里的数据库是一个操作系统只有一个库，可以看作 Oracle 只有一个大数据库。

（2）实例：一个 Oracle 实例（Oracle Instance）由一系列的后台进程（Background Processes）和内存结构（Memory Structures）组成，一个数据库可以有 n 个实例。

（3）用户：用户是在实例下建立的，不同实例可以创建相同名字的用户。

（4）表空间：表空间是一个用来管理数据存储的逻辑概念，表空间只是和数据文件（ORA 或者 DBF 文件）发生关系，数据文件是物理的，一个表空间可以包含多个数据文件，而一个数据文件只能隶属于一个表空间。

（5）数据文件（DBF、ORA）：数据文件是数据库的物理存储单位。数据库的数据表面上是存储在表空间中的，其实是存储在某一个或者多个数据文件中。一个表空间可以由一个或多个数据文件组成，一个数据文件只能属于一个表空间。一旦数据文件被加入某个表空间，就不能再删除这个文件，如果要删除某个数据文件，只能删除其所属的表空间。

说明：表的数据是由用户放入某一个表空间的，而这个表空间会随机把这些表数据放到一个或者多个数据文件中。Oracle 的数据库不是普通的概念，Oracle 是由用户和表空间对数据进行管理和存放的。但是表不是由表空间去查询的，而是由用户去查询的。因为不同用户可以在同一个表空间中建立同一个名字的表，这里的区分就是用户。

3. 创建表空间

在 Oracle 中表空间的类型分为 3 种，即"永久"、"临时"和"撤销"。其中，永久类型表空间用于存储永久性数据库对象，该选项为默认值；临时类型表空间用于存放临时数据库对象，任何永久性数据库对象都不能驻留于临时表空间；撤销类型表空间用于存放将被还原的数据库对象。

除以上所述的 3 种表空间类型外，Oracle 10g 还引入了"大文件表空间"这一概念。该种表空间只能包含一个数据文件，但其数据文件的容量可以达到 4G 个数据块。如果数据块容量为 8KB，那么大文件表空间的数据文件的最大容量可以达到 32TB；如果数据块容量为 32KB，那么大文件表空间的数据文件的最大容量可以达到 128TB。大文件表空间的优势在于：一个 Oracle 数据库最多可以包含 64K 个数据文件，使用大文件表空间，可以显著地提高 Oracle 数据库的存储能力；大文件表空间还可以降低 Oracle 数据库的数据文件个数。

表空间虽然属于数据库逻辑存储结构的范畴，但是它与数据库物理结构有着十分密切的关系，表空间物理上是由一个或多个数据文件组成的。

在创建数据库时，Oracle 会自动建立一些默认的表空间，其中最重要的是 SYSTEM 表空间。对于一个小的数据库来说，使用一个 SYSTEM 表空间就能满足要求。但是对于大部分数据库来说，Oracle 建议为每个应用都创建独立的表空间，这样可以实现各个应用数据分离，用户数据与系统数据分离。使用多个表空间存放数据，DBA 能够更方便地管理数据库，用户对数据库的操作也会更加灵活。

表空间在使用之前必须先创建。用户可以使用两种方法创建表空间,一种是命令行方式,另一种是 OEM 方式。下面介绍使用这两种方法创建表空间的过程。

命令行方式如下:

```
CREATE TABLESPACE;                    (创建永久表空间)
CREATE TEMPORARY TABLESPACE;          (创建临时表空间)
CREATE UNDO TABLESPACE;               (创建撤销表空间)
CREATE BIGFILE TABLESPACE;            (创建大文件表空间)
```

1) 以命令行方式创建永久表空间

以命令行方式创建永久表空间的语法结构如下:

```
CREATE TABLESPACE <表空间名称>
DATAFILE <'数据文件名及路径' SIZE n<K|M>REUSE>
[AUTOEXTEND ON[NEXT n<K|M>MAXSIZE|UNLIMITED| n<K|M>|OFF]
[,<'数据文件名及路径' SIZE n<K|M>REUSE>]]
[AUTOEXTEND ON[NEXT n<K|M>MAXSIZE|UNLIMITED| n<K|M>|OFF]K]
[EXTENT MANAGEMENT LOCAL[AUTOALLOCATE|UNIFORM SIZE n<K|M>]]
|DICTIONARY]
[LOGGING|NOLOGGING]
[PERMANENT]
[SEGMENT SPACE MANAGEMENT[AUTO|MANUAL]];
```

【语法解析】

- DATAFILE:用于指定数据文件。一个表空间可以指定多个数据文件,每两个数据文件之间用“,”号分隔。SIZE 参数用于指定数据文件的长度,REUSE 参数用于覆盖现有文件。

- AUTOEXTEND:用于指定数据文件是否采用自动扩展方式增加表空间的物理存储空间。ON 表示采用自动扩展,同时用 NEXT 参数指定每次扩展物理存储空间的大小,用 MAXSIZE 参数指定数据文件的最大长度,UNLIMITED 表示无限制;OFF 参数表示不采用自动扩展方式,如果采用这种方式,在表空间需要增加物理存储空间时必须手动增加新的数据文件或者手动扩展现有数据文件的长度,默认为 OFF。

- EXTENT MANAGEMENT:LOCAL 用于指定新建表空间为本地管理方式的表空间;DICTIONARY 用于指定新建表空间为字典管理方式的表空间。在 Oracle 10g 中,本地管理方式的表空间是默认方式。AUTOALLOCATE 和 UNIFORM 参数用于指定本地管理表空间中对区的分配管理方式。其中,AUTOALLOCATE 为默认值,表示由 Oracle 负责对区的分配进行自动管理,在 AUTOALLOCATE 方式下,表空间中最小的区为 64KB;UNIFORM 表示新建表空间中的所有区具有统一的大小,该数据由 SIZE 参数指定。如果没有设置 SIZE 参数,则以 1MB 为默认值。

- LOGGING:用于指定该表空间中所有的 DDL 操作和直接插入记录操作都应该被记录在重做日志中,这也是默认值。如果使用了 NOLOGGING 参数,上述操作都不会被记录在重做日志中,这可以提高操作的执行速度,但需要恢复数据库时,无法进行数据库的自动恢复。

- PERMANENT：用于指定表空间为永久性的表空间，在这个表空间中创建的都是永久性数据库对象。
- SEGMENT SPACE MANAGEMENT：用于指定本地管理表空间中对段的存储方式。如果使用了 AUTO 参数，表示对段的存储管理采用自动方式；如果使用了MANUAL 参数，则表示采用自动方式实现对段的管理。默认为自动方式。

案例：创建一个永久表空间，包含两个数据文件，大小分别是 1MB、5MB，均采用自动扩展方式，如图 5-33 所示。

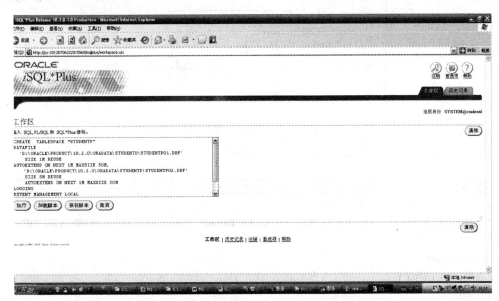

图 5-33　以命令行方式创建永久表空间 STUDENTP

代码演示：创建永久表空间。

```
CREATE TABLESPACE "STUDENTP"
DATAFILE
'D:\ORACLE\PRODUCT\10.2.0\ORADATA\STUDENTD\STUDENTP01.DBF'
SIZE 1M REUSE
AUTOEXTEND ON NEXT 1M MAXSIZE 50M,
'D:\ORACLE\PRODUCT\10.2.0\ORADATA\STUDENTD\STUDENTP02.DBF'
SIZE 5M REUSE
AUTOEXTEND ON NEXT 1M MAXSIZE 50M
LOGGING
EXTENT MANAGEMENT LOCAL
SEGMENT SPACE MANAGEMENT AUTO;
```

需要注意的是，必须是管理员才能创建表空间，当表空间的空间不足时可以使用ALTER TABLESPACE 命令向表空间中追加数据文件扩充表空间。

2）通过 OEM 查看表空间

通过企业管理器创建名称为 FSDATA 的表空间。

【操作步骤】

(1) 登录企业管理器 OEM,如图 5-34 所示。

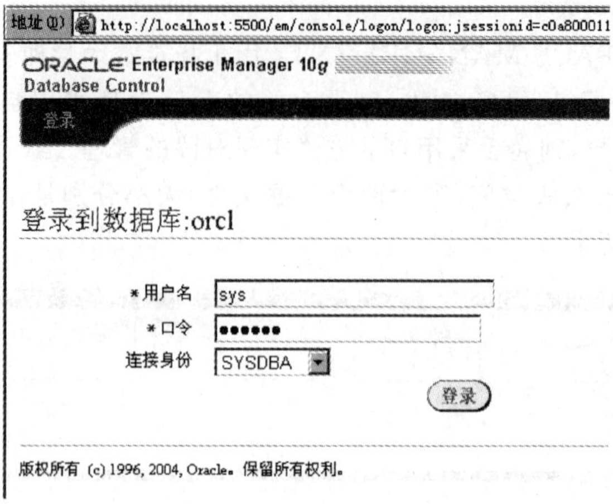

图 5-34　OEM"登录"界面

(2) 单击"管理",进入"管理"界面,如图 5-35 所示。

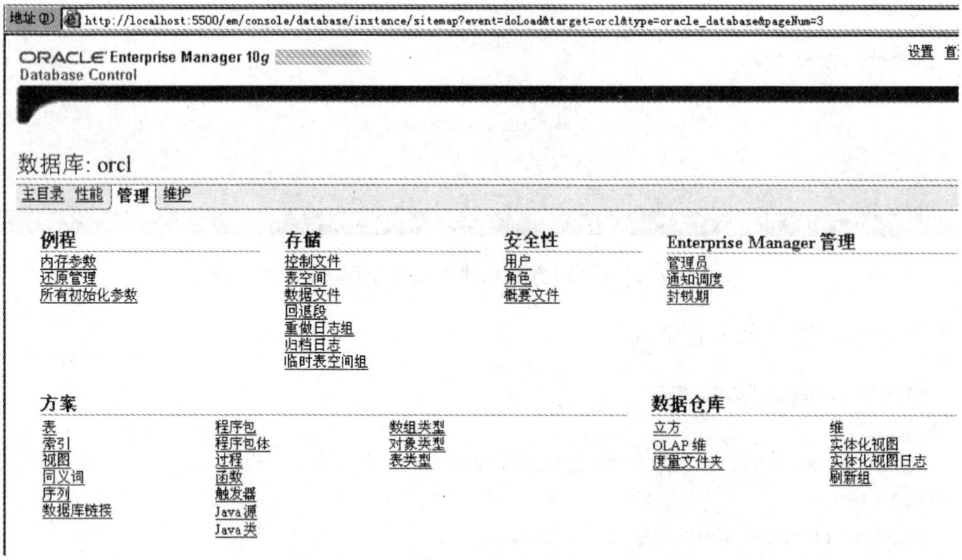

图 5-35　OEM"管理"界面

(3) 单击"表空间"超链接,进入"表空间"界面,如图 5-36 所示。

(4) 单击"创建"按钮,进入"创建表空间"界面,并输入"FSDATA",选择类型为"永久",其他选择默认值,如图 5-37 所示。

(5) 进入如图 5-38 所示的"表空间"的"添加数据文件"界面,输入"文件名",设置"数据文件已满后自动扩展"的增量为 100KB,"最大文件大小"选择"无限制"。单击"继续"按钮,界面将转向图 5-37 所示的"创建表空间"界面,单击该界面中的"确认"按钮,即可完成表空间的创建。

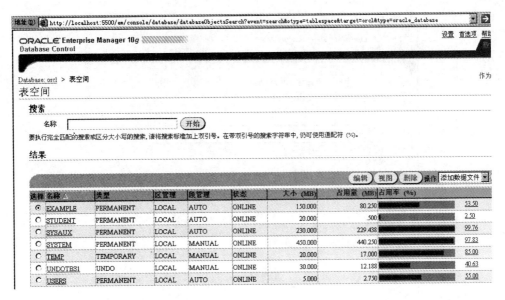

图 5-36　"表空间"界面

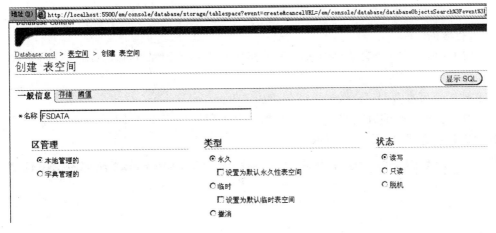

图 5-37　"创建表空间"界面

① 语法结构：创建临时表空间。

CREATE TEMPORARY TABLESPACE <表空间名称>
TEMPFILE <'临时数据文件名及路径' SIZE n < K | M > REUSE >
[AUTOEXTEND ON[NEXT n < K | M > MAXSIZE | UNLIMITED | n < K | M > | OFF]
[,<'临时数据文件名及路径' SIZE n < K | M > REUSE >]]
[AUTOEXTEND ON[NEXT n < K | M > MAXSIZE | UNLIMITED | n < K | M > | OFF]K]
[EXTENT MANAGEMENT LOCAL[UNIFORM [SIZE n < K | M >]]]
[NOLOGGING];

【语法解析】

• TEMPFILE：用于指定临时数据文件。

• EXTENT MANAGEMENT：创建临时表空间时该参数只能使用 LOCAL,不能使

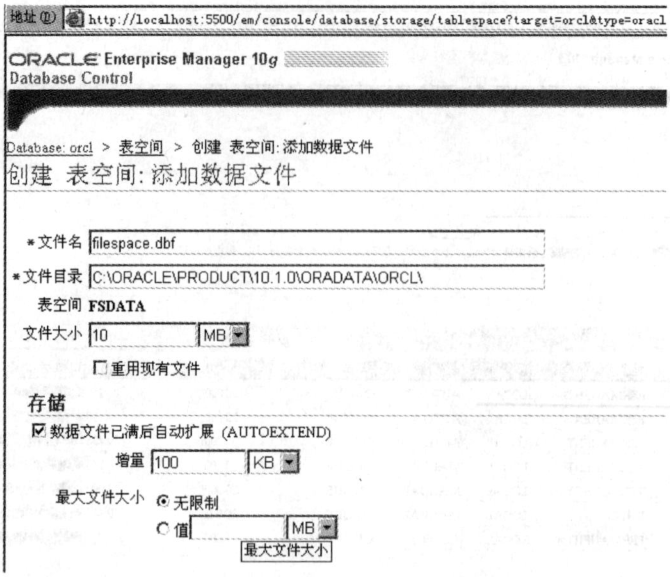

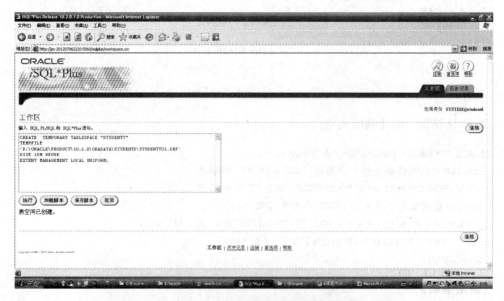

图 5-38 "添加数据文件"界面

用 DICTIONARY,在使用本地管理方式创建临时表空间时,只能使用统一方式进行区的分配。

- NOLOGGING:创建临时表空间的操作都不会被记录在重做日志中,此参数为默认值。

其他参数可参考创建永久表空间的语法解析。

案例:创建一个临时表空间,临时数据文件 STUDENTT01.DBF 的大小为 10MB,不采用自动扩展方式,如图 5-39 所示。

图 5-39 以命令行方式创建临时表空间 STUDENTT

代码演示：创建临时表空间。

```
CREATE TEMPORARY TABLESPACE "STUDENTT"
TEMPFILE
'D:\ORACLE\PRODUCT\10.2.0\ORADATA\STUDENTD\STUDENTT01.DBF'
SIZE 10M REUSE
EXTENT MANAGEMENT LOCAL UNIFORM;
```

② 语法结构：创建撤销表空间。

```
CREATE UNDO TABLESPACE <表空间名称>
DATAFILE <'数据文件名及路径' SIZE n<K|M> REUSE>
[AUTOEXTEND ON[NEXT n<K|M> MAXSIZE|UNLIMITED| n<K|M>|OFF]
[,<'数据文件名及路径' SIZE n<K|M> REUSE>]]
[AUTOEXTEND ON[NEXT n<K|M> MAXSIZE|UNLIMITED| n<K|M>|OFF]K]
[EXTENT MANAGEMENT LOCAL[AUTOALLOCATE|UNIFORM SIZE n<K|M>]]]
[RETENTION GUARANTEE];
```

【语法解析】

RETENTION GUARANTEE 用于指定已经提交的撤销信息在能够覆盖之前应该保持多长时间，至少 900 秒。

其他参数可参考创建永久表空间的语法解析。

案例：创建一个撤销表空间，撤销数据文件 STUDENTU01.DBF 的大小为 5MB，不采用自动扩展方式，在使用本地管理方式创建撤销表空间时，采用 AUTOALLOCATE 方式进行区的分配，如图 5-40 所示。

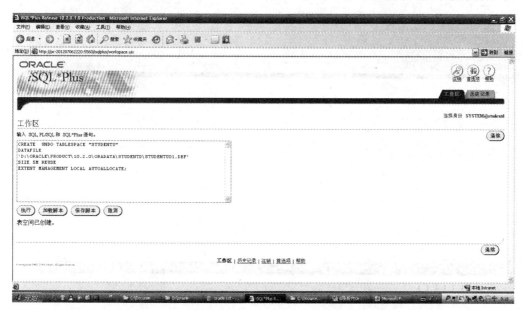

图 5-40　以命令行方式创建撤销表空间 STUDENTU

代码演示：创建撤销表空间。

```
CREATE UNDO TABLESPACE "STUDENTU"
```

```
DATAFILE
'D:\ORACLE\PRODUCT\10.2.0\ORADATA\STUDENTD\STUDENTU01.DBF'
SIZE 5M REUSE
EXTENT MANAGEMENT LOCAL AUTOALLOCATE;
```

③ 语法结构：创建大文件表空间。

```
CREATE BIGFILE TABLESPACE <表空间名称>
DATAFILE <'数据文件名及路径' SIZE n<K|M> REUSE >
[AUTOEXTEND ON[NEXT n<K|M> MAXSIZE|UNLIMITED| n<K|M>|OFF]
[,<'数据文件名及路径' SIZE n<K|M> REUSE >]]
[AUTOEXTEND ON[NEXT n<K|M> MAXSIZE|UNLIMITED| n<K|M>|OFF]K]
[LOGGING|NOLOGGING]
[EXTENT MANAGEMENT LOCAL[AUTOALLOCATE|UNIFORM SIZE n<K|M>]]
[SEGMENT SPACE MANAGEMENT[AUTO|MANUAL]] ;
```

【语法解析】

在创建大文件表空间时，参数 EXTENT MANAGEMENT 只能使用 LOCAL，不能使用 DICTIONARY。

其他参数可参考创建永久表空间的语法解析。

案例：创建一个大文件表空间，数据文件是 STUDENTB01.DBF，大小为 1000MB，不采用自动扩展方式，使用本地管理方式创建大文件表空间时对段的管理采用自动方式，如图 5-41 所示。

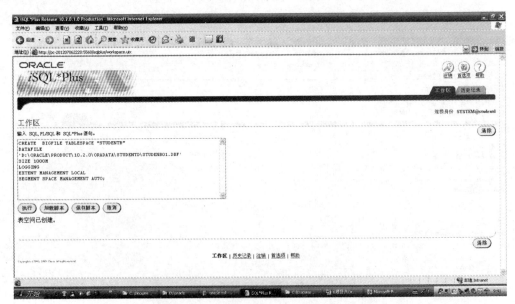

图 5-41　以命令行方式创建大文件表空间 STUDENTB

代码演示：创建大文件表空间。

```
CREATE BIGFILE TABLESPACE "STUDENTB"
DATAFILE
'D:\ORACLE\PRODUCT\10.2.0\ORADATA\STUDENTD\STUDENB01.DBF'
```

```
SIZE 1000M
LOGGING
EXTENT MANAGEMENT LOCAL
SEGMENT SPACE MANAGEMENT AUTO;
```

4. 修改表空间

修改表空间必须具有 ALTER TABLESPACE 或 MANAGE TABLESPACE 系统权限。在表空间建立之后,对应的一些参数是不能修改的。对于不同类型的表空间能够修改的参数不同。其中,对于本地管理的一般表空间的可用性使用 ONLINE|OFFLINE;将一个表空间设为只读或读/写状态使用 READ ONLY|READ WRITE。对于临时表空间和撤销表空间来说,只能修改数据文件信息。

语法结构:修改表空间。

```
ALTER TABLESPACE <表空间名称>
ADD DATAFILE <'数据文件名及路径' SIZE n<K|M>REUSE>
[AUTOEXTEND ON[NEXT n<K|M>MAXSIZE|UNLIMITED| n<K|M>|OFF]
[,<'数据文件名及路径' SIZE n<K|M>REUSE>]]
[AUTOEXTEND ON[NEXT n<K|M>MAXSIZE|UNLIMITED| n<K|M>|OFF]K]
[ONLINE|OFFLINE[NORMAL|TEMPORARY|IMMEDIATE|FOR RECOVER]]
[READ ONLY|READ WRITE];
```

【语法解析】

- ADD DATAFILE:用于给表空间添加数据文件。
- AUTOEXTEND:用于指定数据文件是否采用自动扩展方式增加表空间的物理存储空间。
- ONLINE 和 OFFLINE:用于指定表空间的可用性,即联机或脱机状态。
- READ ONLY 和 READ WRITE:用于指定该表空间是否为只读或读/写状态。

案例:修改一个永久表空间 STUDENTP,增加一个数据文件 STUDENTP03. DBF,大小为 10MB,并将表空间设置为只读状态,如图 5-42 所示。

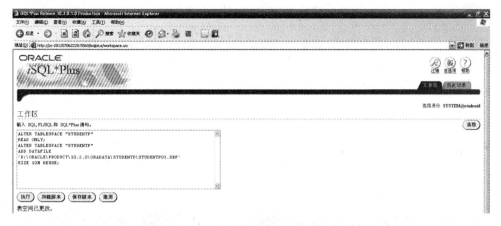

图 5-42　以命令行方式修改永久表空间 STUDENTP

代码演示：修改表空间。

```
ALTER TABLESPACE "STUDENTP"
READ ONLY;
ALTER TABLESPACE "STUDENTP"
ADD DATAFILE
'D:\ORACLE\PRODUCT\10.2.0\ORADATA\STUDENTD\STUDENTP03.DBF'
SIZE 10M REUSE;
```

5．删除表空间

如果表空间和其中保存的数据已经无用，可以从数据库中删除这个表空间。删除表空间时，Oracle 不仅在控制文件和数据字典中删除与该表空间和数据文件相关的信息，而且在删除表空间时如果选择了同时删除数据文件，Oracle 还会同时删除操作系统中对应的数据文件。当然，在删除表空间时也可以选择不删除数据文件，而是在删除表空间后，在操作系统中手工删除对应的数据文件。删除表空间必须具有 DROP TABLESPACE 系统权限。

语法结构：删除表空间。

```
DROP TABLESPACE <表空间名称>;
[INCLUDING CONTENTS[AND DATAFILES]];
```

【语法解析】

- INCLUDING CONTENTS：表示删除表空间时同时删除表空间中包含的数据库对象。
- INCLUDING CONTENTS AND DATAFILES：表示删除表空间时同时删除表空间中包含的数据库对象和操作系统中对应的数据文件。

案例：删除永久表空间 STUDENTP，同时删除表空间中包含的数据库对象和数据文件，如图 5-43 所示。

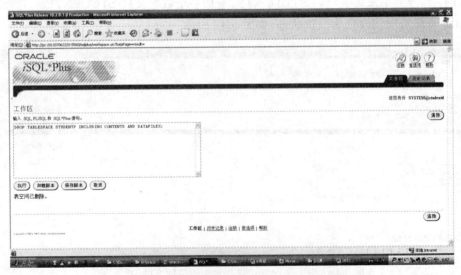

图 5-43　以命令行方式删除永久表空间 STUDENTP

代码演示：删除表空间。

```
DROP TABLESPACE STUDENTP INCLUDING CONTENTS AND DATAFILES;
```

【课堂同步训练】

(1) 创建 TEST 数据库。

(2) 查看 TEST 数据库的详细情况。

(3) 删除 TEST 数据库。

(4) 创建一个名为 TEST SPACE 的表空间,包含一个数据文件,大小为 10MB。

(5) 修改 TEST SPACE 表空间,增加一个数据文件,大小为 5MB。

(6) 删除 TEST SPACE 表空间。

实训　创建数据库、表空间

实训目的

(1) 掌握数据库的建立和删除方法。

(2) 掌握表空间的创建、修改和删除方法操作。

实训要求

(1) 记录执行命令和操作过程中遇到的问题及解决方法。

(2) 记录利用企业管理器管理表空间及其数据文件的方法。

(3) 记录利用 SQL * Plus 和 iSQL * Plus 管理表空间的命令。

实训内容

(1) 创建数据库。利用数据库配置助手建立实验数据库 JCZL。

(2) 查看数据库。

① 利用企业管理器查看实验数据库 JCZL 的相关信息。

② 利用 SQL * Plus 查看实验数据库 JCZL 的相关信息。

③ 利用 iSQL * Plus 查看实验数据库 JCZL 的相关信息。

(3) 删除数据库。利用数据库配置助手删除实验数据库 JCZL。

(4) 创建表空间。

① 利用企业管理器创建表空间 jczl_tbs,为表空间 jczl_tbs 添加一个数据文件 jczl 001. dbf, 路径为 D:\oracle\product\10. 1. 0\oradata\jczl,大小为 10MB。如果该数据文件已经存在, 则被覆盖,数据文件具有自动扩展属性,每次的增量为 64KB,最大值为 50MB。

② 利用命令行方式创建一个表空间 jczl1_tbs,为表空间 jczl1_tbs 添加第一个数据文件 jczl003. dbf,路径为 D:\oracle\product\10. 1. 0\oradata\jczl,大小为 10MB。如果该数据文件已经存在,则被覆盖,数据文件具有自动扩展属性,每次的增量为 128KB,最大值为 100MB。然后添加第二个数据文件 jczl004. dbf,路径为 D:\ oracle\ product\ 10. 1. 0\ oradata\jczl,大小为 5MB,没有自动扩展属性。

③ 利用企业管理器创建表空间 jczl2_tbs,为表空间 jczl2_tbs 添加一个数据文件 jczl005.dbf,路径为 D:\oracle\product\10.1.0\oradata\jczl,大小为 10MB。如果该数据文件已经存在,则被覆盖,数据文件具有自动扩展属性,每次的增量为 64KB,最大值为 50MB。

注意:表空间在整个数据库中是唯一的,所以在表空间名后添加自己的班级号和学号。

(5) 修改表空间。

① 利用企业管理器修改刚刚创建的表空间 jczl_tbs,为表空间 jczl_tbs 增加数据文件 jczl002.dbf,路径为 D:\oracle\product\10.1.0\oradata\jczl,大小为 10MB。如果该数据文件已经存在,则被覆盖,数据文件具有自动扩展属性,每次的增量为 64KB,最大值为 50MB,并将其修改为脱机状态。

② 利用命令行方式修改表空间 jczl1_tbs,为表空间 jczl1_tbs 增加数据文件 jczl006.dbf,路径为 D:\oracle\product\10.1.0\oradata\jczl,并将其修改为脱机状态。

(6) 删除表空间。

① 利用命令行方式删除表空间 jczl1_tbs,同时删除包含的数据文件。

② 利用企业管理器删除表空间 jczl2_tbs,同时删除包含的数据文件。

常见问题分析

由于磁盘空间不够,可能导致无法创建成功,出现"无法初始化 initial 区"的错误,表空间中的数据文件已满,此时应扩大数据文件大小或为表空间添加新的数据文件。

项目 6　Oracle 数据表的创建与管理

数据库可以看作是一个存储数据对象的容器,数据库对象包括表、视图、触发器、存储过程等。数据库创建好后,还只是一个空的库,还需要在其中创建数据表,数据表是最基本的数据库对象,用来存放具体的数据。在关系型数据库中,数据表由行和列的二维结构组成,下面来学习如何创建数据表。用户必须有相应的权限才能创建、操作数据库。首先创建数据库,然后才能创建数据表。

【教学导航】

	能力(技能)目标	知识目标	情感目标
教学目标	① 使用 OEM 创建、修改和删除表; ② 使用 PL/SQL 创建、修改和删除表; ③ 实现实体完整性; ④ 实现参照完整性; ⑤ 实现用户完整性	① 了解 Oracle 中的数据类型; ② 能够按照应用需求设计和管理表; ③ 了解完整性约束的作用、特点,能够按照应用需求合理地创建、修改、删除完整性约束	① 团队合作精神; ② 自学能力; ③ 独立完成任务的能力
教学重点	创建表,创建完整性约束		
教学难点	创建完整性约束		
课时建议	10		
能力训练任务及案例	项目 6.1　表的管理 　　任务 6-1　创建 department 表 　　任务 6-2　修改 department 表 　　任务 6-3　删除 department 表 项目 6.2　完整性管理 　　任务 6-4　实体完整性的实现 　　任务 6-5　参照完整性的实现 　　任务 6-6　用户定义完整性的实现 项目 6.3　数据的更新 　　任务 6-7　插入记录 　　任务 6-8　更新记录 　　任务 6-9　删除记录		

在创建数据表之前,首先要确定数据表的结构,即确定数据表的字段个数、字段名、字段的数据类型、字段宽度及小数位数等,其中最重要的是字段的数据类型。选择适当的数据类型至关重要,在开发系统的过程中常常出现数据类型选择不当的问题,一旦选择了不适当的数据类型实现了应用,在相当长的时间内只能"忍耐",很难再做改变。

Oracle 中的数据类型大致分为 character、number、date、lob 和 raw 等类型,下面介绍它们在 Oracle 中的用法、限制以及允许值。

1. character 数据类型

character 数据类型用来存储字母数字型数据。当在 Oracle 中定义一个 character 数据类型时,通常需要制定字段的长度,它是该字段的最大长度。Oracle 中的字符数据类型包括 char、varchar2 以及带 n 的相应变体(nchar、nvarchar2)。

char 数据类型是一种有固定长度的字符串,格式为"char(size[byte|char])",默认单位为 byte,存储在数据类型为 char 字段中的数据将以空格的形式补到最大长度,其长度在 1～2000 字节之间。

当创建一个 char 型字段时,数据库将保证在这个字段中的所有数据是定义长度,如果某个数据比定义长度短,那么将用空格在数据的右边补到定义长度;如果长度大于定义长度,将会触发错误信息。

varchar2 数据类型是一种可变长度的、有最大长度的字母数字型数据,格式为"varchar2(size[byte|char])",其最大长度可以达到 4000 字节,varchar2 类型的变量长度可以达到32 676 字节。

一个空的 varchar2(2000)字段和一个空的 varchar2(2)字段所占用的空间是一样的。

nchar()和 nvarchar2()的数据类型分别与 char()和 varchar2()的数据类型相对应,只不过它们用来存储包含 Unicode 格式数据的字符串,以支持应用中对多字节数据的需要,两者的存储上限是 2000 和 4000 字节。

varchar2 和 char 数据类型根据尾部的空格有不同的比较规则。对于 char 型数据,尾部的空格将被忽略;对于 varchar2 型数据,尾部带空格的数据比没有空格的要大。例如:

char 型数据: 'YO'='YO   '

varchar2 型数据: 'YO'<'YO   '

2. numberic 数据类型

numberic 数据类型用来存储负的和正的整数、分数和浮点型数据,需要 1～22 位的空间存储,范围小到 10e－130、大到 10e126(不包括 10e126),有 38 位的精确度,当一个数据超出这个范围时就会出错。其格式为"number(precision,scale)",精度(precision)也称总位数,取值范围为 1～38,默认值是 38;小数位数(scale)也称小数点右边的位数,取值范围为 －84～127。默认取值取决于是否指定了精度,如果没有指定精度,小数位数默认有最大的取值区间;如果指定了精度,默认值为 0。

例如:

Num_col number   可以存储小数

Num_col number(5)   不能存储小数

Num_col number（5,0）　　能否存储 123456? 不能,超过了定义时的规定精度

Num_col number（5,2）　　能否存储 123.456? 能,数值是 123.46

Num_col number（5,2）　　能否存储 1234.56? 不能,系统报错,该值是 1234.56,超出了定义的精度,number（5,2）的存储范围是－999.99～999.99

3. date 数据类型

date 数据类型用来存储日期和时间格式的数据,如 date、timestamp、interval 等类型。其中,date、timestamp 存储固定的日期时间,interval 存储一个时间量。timestamp 与 date 相比支持小数秒和时区。date 类型的取值范围是公元前 4712 年 1 月 1 日至公元 9999 年 12 月 31 日。而且根据日期的特点,要么是公元 1 年,要么是公元前 1 年,不会出现 0 年的情况。日期类型的长度是 7,7 个字节分别表示世纪、年、月、日、时、分和秒。timestamp 与 date 类型相比可以保存到微秒,而且可以精确到小数点后 9 位,在数据库中保存占 7～11 字节。

4. 二进制类型

Oracle 支持 3 种数据类型存储二进制数据,即 raw、blob、longraw。

raw 类型能够存储最多 2000 字节的二进制数据,格式为"raw(size)"。raw 类型是一个可变长度的二进制串,不能直接存储可直接显示的字符数据。

5. 大对象类型

lob(Large Object)数据类型存储非结构化数据,例如二进制文件、图形文件或其他外部文件。lob 可以存储 4G 字节大小,数据可以存储到数据库中,也可以存储到外部数据文件中。lob 数据的控制通过 DBMS_LOB 包实现。blob、nclob 和 clob 数据可以存储到不同的表空间中,bfile 存储在服务器上的外部文件中。lob 数据类型有以下几种:

- blob:二进制数据;
- clob:字符型数据;
- bfile:二进制文件。

6. 其他数据类型

rowid 数据类型是 Oracle 数据表中的一个伪列,它是数据表中每行数据内在的、唯一的标识。

数据类型	参　　数	描　　述
char(n)	$n=1\sim2000$ 字节	定长字符串,n 为字节长,如果不指定长度,默认为一个字节长(一个汉字为两个字节),单位是字节
nchar	$n=1\sim2000$ 字节	根据字符集而定的固定长度字符串,最大长度为 2000 字节,单位是字符(一个汉字为一个字符)

数据类型	参　　数	描　　述
varchar2(n)	n＝1～4000 字节	可变长的字符串,具体定义时指明最大长度 n,这种数据类型可以存储数字、字母以及 ASCII 码字符集(或者 EBCDIC 等数据库系统接受的字符集标准)中的所有符号。如果数据长度没有达到最大值 n,Oracle 8i 会根据数据大小自动调节字段长度,如果数据前后有空格,Oracle 8i 会自动将其删去。varchar2 是最常用的数据类型,可做索引的最大长度为 3209
nvarchar2	n＝1～4000 字节	根据字符集而定的可变长度字符串,最大长度为 4000 字节
number (m,n)	m＝1～38 n＝－84～127	可变长的数值列,允许 0、正值及负值,m 是所有有效数字的位数,n 是小数点以后的位数。 例如 number(5,2),这个字段的最大值是 999.99,如果数值超出了位数限制就会被截去多余的位数。 例如 number(5,2),若在一行数据中的这个字段输入 575.316,则真正保存到字段中的数值是 575.32 例如 number(3,0),若输入 575.316,真正保存的数据是 575
date	无	从公元前 4712 年 1 月 1 日到公元 4712 年 12 月 31 日的所有合法日期,Oracle 8i 其实在内部是按 7 个字节来保存日期数据的,在定义中还包括小时、分、秒。 其默认格式为 DD-MON-YY,例如 07-11-00 表示 2000 年 11 月 7 日
long	无	可变长字符列,最大长度限制是 2GB,用于不需要做字符串搜索的长串数据,如果要进行字符搜索,就要用 varchar2 类型。long 是一种较老的数据类型,将来会逐渐被 blob、clob、nclob 等大对象数据类型所取代
raw(n)	n＝1～2000	可变长二进制数据,在具体定义字段的时候必须指明最大长度 n,Oracle 8i 用这种格式来保存较小的图形文件或带格式的文本文件,例如 Microsoft Word 文档。 raw 是一种较老的数据类型,将来会逐渐被 blob、clob、nclob 等大对象数据类型取代
long raw	无	可变长二进制数据,最大长度是 2GB。Oracle 8i 用这种格式来保存较大的图形文件或带格式的文本文件,例如 Microsoft Word 文档,以及音频、视频等非文本文件。在同一张表中不能同时有 long 类型和 long raw 类型,long raw 也是一种较老的数据类型,将来会逐渐被 blob、clob、nclob 等大对象数据类型取代
blob clob nclob	无	3 种大对象数据类型(lob),用来保存较大的图形文件或带格式的文本文件,例如 Microsoft Word 文档,以及音频、视频等非文本文件,最大长度是 4GB。 lob 有几种类型,取决于用户使用的字节的类型,Oracle 8i 将这些数据存储在数据库内部,可以执行读取、存储、写入等特殊操作
bfile	无	在数据库外部保存的大型二进制对象文件,最大长度是 4GB。这种外部的 lob 类型,通过数据库记录变化情况,但是数据的具体保存是在数据库外部进行的。Oracle 8i 可以读取、查询 bfile,但是不能写入,其大小由操作系统决定

项目 6.1   表的管理

任务 6-1   创建 department 表

表 6-1 所示为本任务的任务卡。

表 6-1   任务卡

任务编号	6-1	任务名称	创建 department 表
计划课时	1	所属项目名称	Oracle 数据表的创建与管理
任务重点	① 使用 Enterprise Manager 创建表； ② 使用 CREATE TABLE 语句创建表		
任务难点	CREATE TABLE 语句的用法		
教学方法	任务驱动法、分组讨论法、三步训练法、案例教学法		
任务描述	根据表的结构创建表		

【核心能力】

能够熟练运用 OEM 方式和 CREATE TABLE 语句创建表。

【任务完成过程】

1. OEM 方式

用户可以在 Enterprise Manager 中使用表管理器创建表，下面以 department 表为例进行讲解。

department 表的结构如下：

```
departmentID (char(3), not null)
departmentName (varchar2(30), not null)
departmentHead (char(8), null)
```

使用表管理器创建该表的方法如下：

(1) 以有权限的用户进入 Enterprise Manager，在此使用 SYS，如图 6-1 所示。

(2) 打开"管理"界面，在"方案"下的"数据库对象"栏中找到"表"的超链接，如图 6-2 所示。

(3) 单击"表"的超链接，进入"表"界面，如图 6-3 所示。

每一个用户都有一个同名方案，在创建一个用户时将创建一个同名方案，可以通过"搜索"栏选择不同的方案，如图 6-4 所示。

在"方案"列表中选择一种方案，这里选择在方案 userman 中创建表 department。对于应用程序而言，一般不使用系统默认的用户和方案。通常，创建应用数据库的第一步是创建用户和相应的方案。

(4) 单击"创建"按钮进入"创建表：表组织"界面，如图 6-5 所示。

- 标准，按堆组织：以堆形式组织的表，是普通表。如选中"临时"复选框，将创建临时表。

- 索引表：以索引形式组织的表。

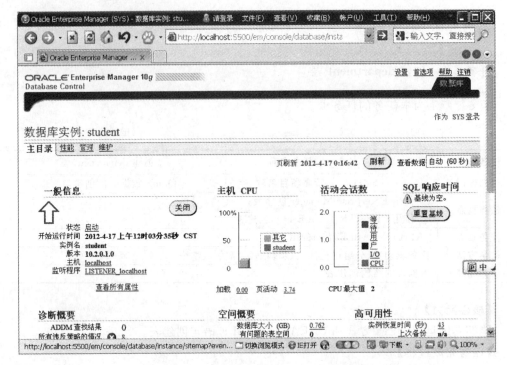

图 6-1 "数据库实例：student"界面

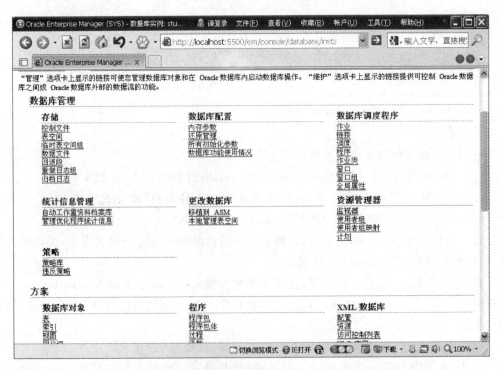

图 6-2 "管理"界面

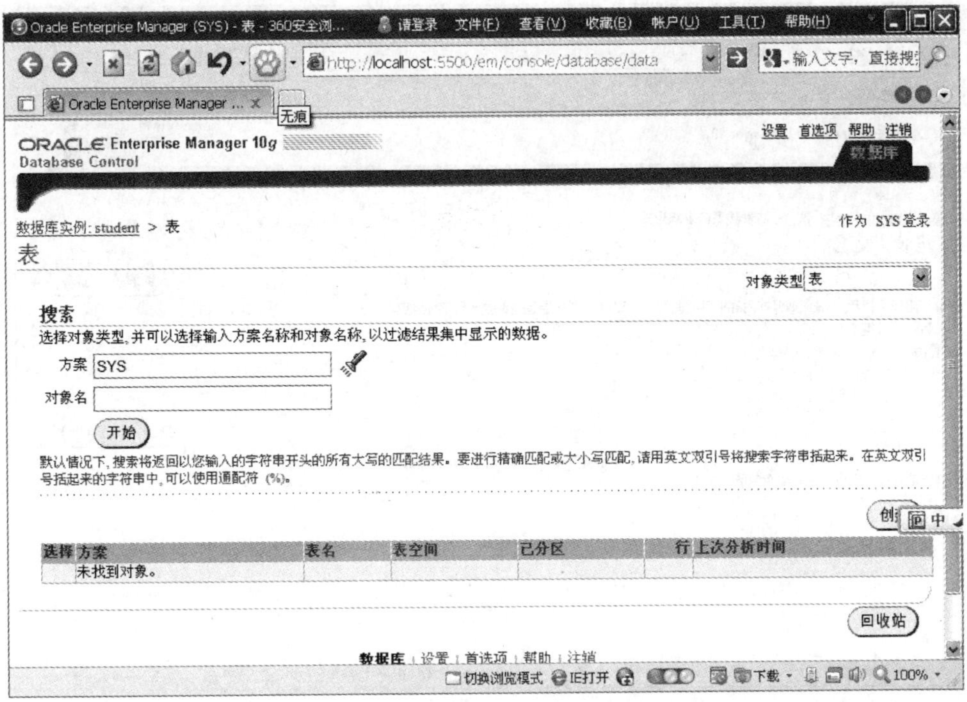

图 6-3　"表"界面

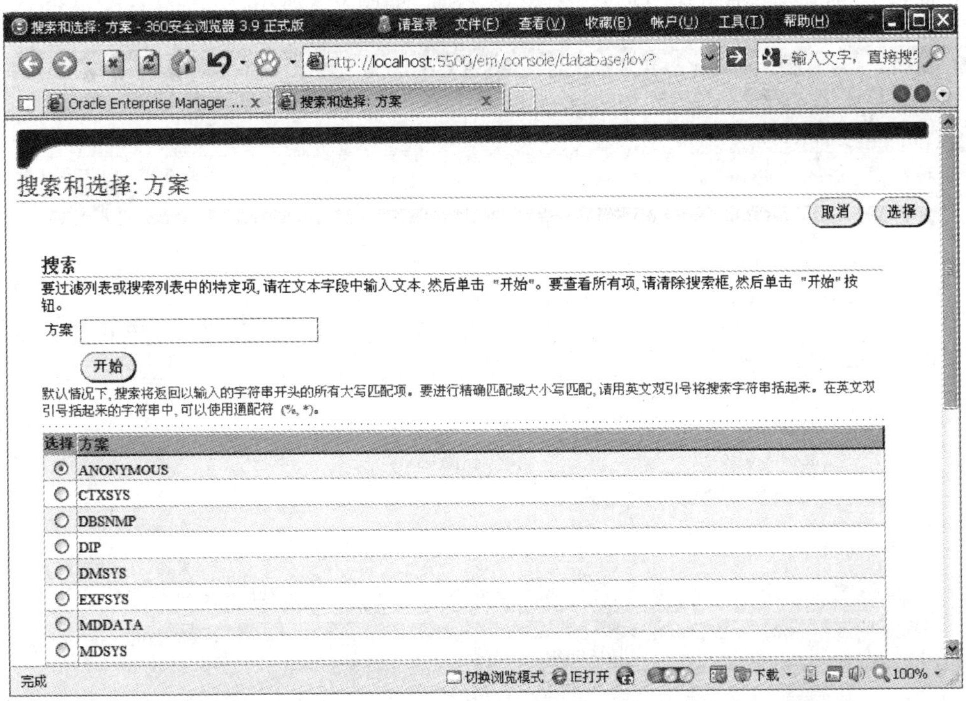

图 6-4　"搜索和选择：方案"界面

图 6-5　"创建表：表组织"界面

在此选择"标准，按堆组织"，进入"创建表"界面，如图 6-6 所示。

图 6-6　"创建表"界面

按表的设计要求输入数据,如图 6-7 所示,然后单击"确定"按钮。

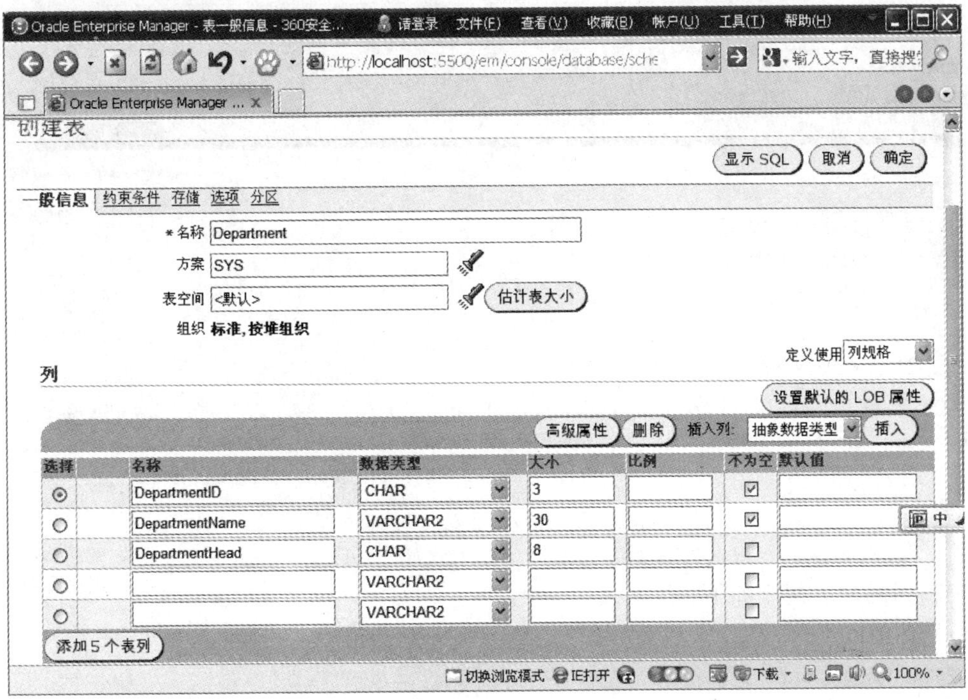

图 6-7　输入数据

2. 命令行方式

使用 Enterprise Mangager 创建表虽然直观,但操作烦琐,且不能在程序中使用。用户可以使用 CREATE TABLE 语句在数据库中创建表。

格式:

```
CREATE TABLE [<方案名>. ]<表名>
(<列名>　<数据类型>,
<列名>　<数据类型>,
…
<列名>　　<数据类型>
)
```

上例的等价命令为:

```
CREATE TABLE SYS.DEPARTMENT
 ( DEPARTMENTID CHAR(3) NOT NULL ,
    DEPARTMENTNAME VARCHAR2(30) NOT NULL ,
    DEPARTMENTHEAD VARCHAR2(8)
);
```

以有权限的用户进入 iSQL＊Plus,如图 6-8 所示。

其中方案名可以不写,各列之间要有逗号,语句结束要加分号。

图 6-8　iSQL ＊ Plus 界面

表和列的命名规则如下：

（1）必须以字母开头。

（2）长度为 1～30 个字符。

（3）只能包含 A～Z、a～z、0～9、_、$ 和 ♯。

（4）对于同一个用户不能使用和其他对象相同的名字。

（5）不能是 Oracle 的保留字。

（6）名字是不区分大小写的。

（7）在不同的表中命名相同的实体采用保持一致的原则。

3．查看表结构

显示表结构的命令为 DESCRIBE（可简写为 DESC），可以用来显示表、视图的列的定义，也可以显示同义词、函数或存储过程的说明。

语法如下：

DESC[RIBE] {[[schema.]object[@connect_identifier]]}

- schema：用户名，如果省去，则为对象的所有者。
- object：可以是表（table）、视图（view）、类型（type）、存储过程（procedure）、函数（function）、包（package）或同义词（synonym）。
- @connect_identifier：数据库连接字串。

显示 student 表结构可以用 DESCRIBE student，运行结果如图 6-9 所示。

【课堂同步训练】

（1）使用 OEM 方式创建 class 表。

class 表的结构如下：

classID (PK,char(7), not null)

className (varchar2(12), not null)
specialityID (char(5), null)
specialityName(varchar(30),null)
entranceYear(char(4),null)
monitorID(char(10),null)

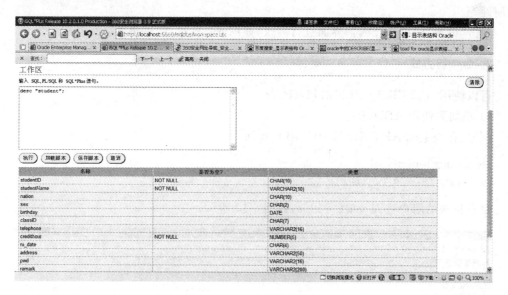

图 6-9　显示表结构的界面

（2）使用命令方式创建 speciality 表。

speciality 表的结构如下：

specialityID(char(5),not null)
specialityName(varchar(30),not null)
departmentID(char(3),null)

任务 6-2　修改 department 表

表 6-2 所示为本任务的任务卡。

表 6-2　任务卡

任务编号	6-2	任务名称	修改 department 表
计划课时	1	所属项目名称	Oracle 数据表的创建与管理
任务重点	① 使用 Enterprise Manager 修改表； ② 使用 ALTER TABLE 语句修改表		
任务难点	ALTER TABLE 语句的用法		
教学方法	任务驱动法、分组讨论法、三步训练法、案例教学法		
任务描述	按要求修改表结构		

【核心能力】

能够熟练运用 OEM 方式和 ALTER TABLE 命令修改表。

【任务完成过程】

1．OEM 方式

在 Enterprise Manager 中可以对表进行修改操作，例如修改表名、添加列、删除列、修改列属性等。

单击"编辑"按钮打开编辑界面进行修改，如图 6-7 所示，然后单击"应用"按钮保存。

2．命令行方式

可以使用 ALTER TABLE 语句修改表。

1）添加列使用 ADD 子句

例如，在表 DEPARTMENT 中添加 test 列：

```
ALTER TABLE DEPARTMENT
ADD (test   CHAR(10) NOT NULL);
```

以有权限的用户进入 iSQL ∗ Plus，如图 6-10 所示。

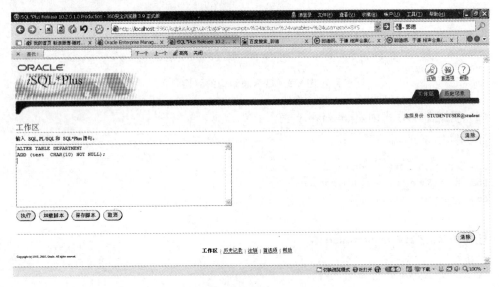

图 6-10　以有权限的用户进入 iSQL ∗ Plus 界面

2）修改列名使用 RENAME COLUMN…TO…子句

例如，修改 test 列名为 test_1：

```
ALTER TABLE DEPARTMENT
RENAME COLUMN test TO test_1;
```

修改列名的界面如图 6-11 所示。

3）删除列使用 DROP COLUMN 子句

例如，删除 test_1 列：

```
ALTER TABLE DEPARTMENT
DROP COLUMN test_1;
```

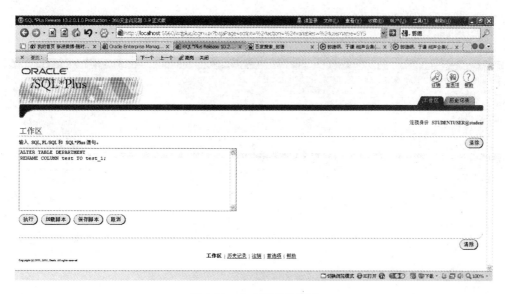

图 6-11　修改列名的界面

删除列的界面如图 6-12 所示。

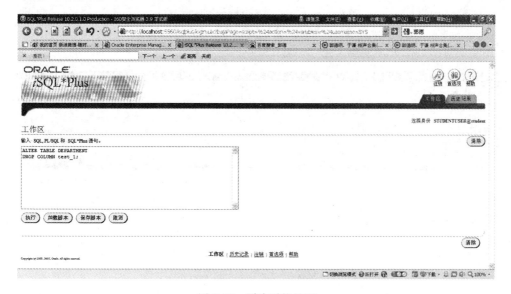

图 6-12　删除列的界面

4）将列设置为不可用列使用 SET UNUSED 子句

例如，将 test_1 设置为不可用列：

```
ALTER TABLE DEPARTMENT
SET UNUSED test_1;
```

设置列为不可用列的界面如图 6-13 所示。

5）删除不可用列使用 DROP UNUSED COLUMNS 子句

例如，删除 DEPARTMENT 表中的所有不可用列：

```
ALTER TABLE DEPARTMENT
DROP UNUSED COLUMNS;
```

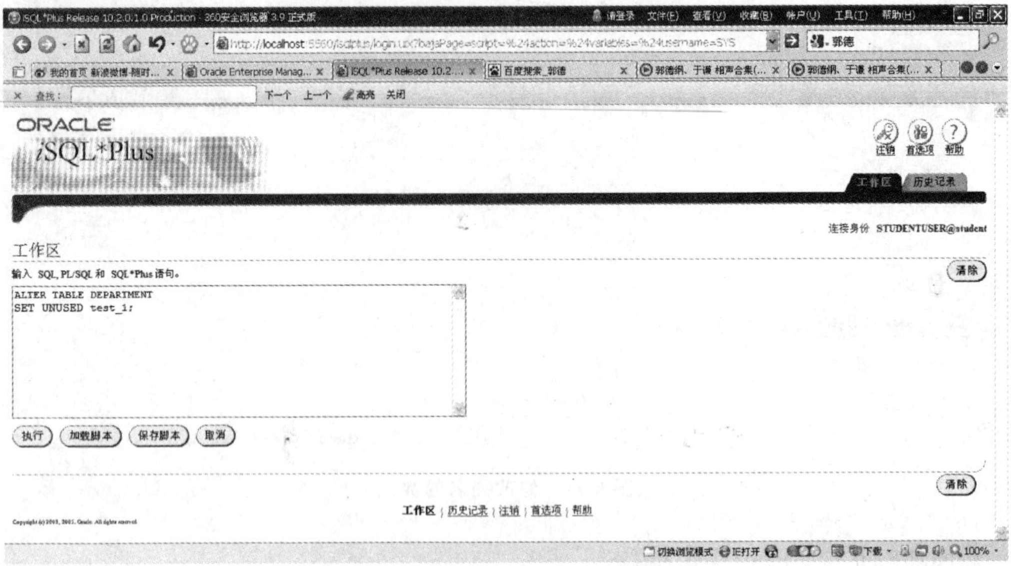

图 6-13　设置列为不可用列的界面

删除不可用列的界面如图 6-14 所示。

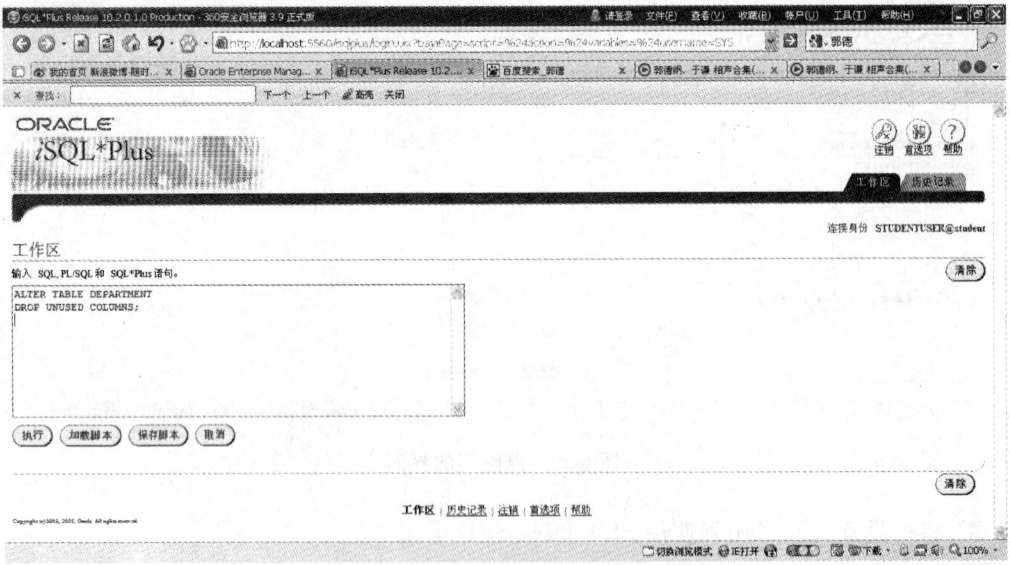

图 6-14　删除不可用列的界面

任务 6-3　删除 department 表

表 6-3 所示为本任务的任务卡。

表 6-3　任务卡

任务编号	6-3	任务名称	删除 department 表
计划课时	1	所属项目名称	Oracle 数据表的创建与管理
任务重点	① 使用 Enterprise Manager 删除表； ② 使用 DROP TABLE 语句删除表		
任务难点	DROP TABLE 语句的用法		
教学方法	任务驱动法、分组讨论法、三步训练法、案例教学法		
任务描述	删除指定的表		

【核心能力】

能够熟练运用 OEM 方式和命令行方式删除表。

【任务完成过程】

1. OEM 方式

在 Enterprise Manager 的表管理器中选中要删除的表，单击"使用选项删除"按钮，打开"使用选项删除"界面，如图 6-15 所示。

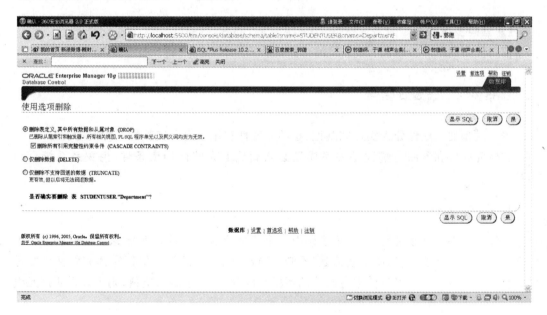

图 6-15　"使用选项删除"界面

选中"删除表定义，其中所有数据和从属对象（DROP）"选项，单击"是"按钮。

2. 命令行方式

使用命令行方式删除表即使用代码删除。

例如，删除表 DEPARTMENT：

```
DROP TABLE DEPARTMENT;
```

使用代码删除表的界面如图 6-16 所示。

图 6-16　使用代码删除表的界面

【课堂同步训练】

使用代码删除 class 表。

项目 6.2　完整性管理

关系模型的完整性分为实体完整性、参照完整性和用户定义完整性 3 种类型。

实体完整性和参照完整性是关系模型必须满足的完整性约束条件,由关系系统自动支持。

1. 实体完整性

实体完整性是基于主码的,一个主码由一个或多个属性组成。实体完整性要求主码中的任一属性(列)不能为空,所谓空值是"不知道"或"无意义"的值。保证实体完整性主要是因为在关系中每一个元组是依据主码值的不同来区分的,若主码取空值,则不能表明该元组存在。

2. 参照完整性

参照完整性是基于外码的,若基本关系 R 中含有与另一个基本关系 S 的主码 PK 相对应的属性组 FK(FK 称为 R 的外码),则参照完整性要求 R 中的每个元组在 FK 上的值必须是 S 中某个元组的 PK 值,或者为空值。

注意:R 中的外键只能对 S 中的主键引用,不能是 S 中主键没有的值。如学生和选课表两个关系,选课表中的学号是外键,它是学生表的主键,若选课表中出现了某个学生表中没有的学号,即某个学生还没有注册,却已经有了选课记录,这显然是不合理的。

3．用户定义完整性

实体完整性和参照完整性适用于任何关系数据库系统，除此之外，不同的关系数据库系统根据其应用环境的不同往往还需要一些特殊的约束条件。用户定义完整性就是针对某一具体关系数据库的约束条件，它反映某一具体应用所涉及的数据必须满足的语义要求。例如，一般情况下学生成绩的取值范围在 0～100 之间。

在 Oracle 中，数据的完整性可以使用约束、触发器、应用程序(过程、函数)3 种方法来实现。在这 3 种方法中，约束易于维护，并且具有最好的性能，是维护数据完整性的首选。本项目介绍如何使用约束实现数据完整性。

在 Oracle 中，约束包括 NOT NULL、UNIQUE、PRIMARY KEY、FOREIGN KEY 和 CHECK 5 种，Oracle 的完整性约束如表 6-4 所示。

表 6-4 Oracle 的完整性约束

完整性约束标示符	说 明
NOT NULL	非空约束
UNIQUE	唯一关键字约束
PRIMARY KEY	一个表只能有一个主键，必须非空
FOREIGN KEY	外键约束
CHECK	表的每一行对指定条件必须是 TRUE 或未知(对于空值)

任务 6-4 实体完整性的实现

表 6-5 所示为本任务的任务卡。

表 6-5 任务卡

任务编号	6-4	任务名称	实体完整性的实现
计划课时	2	所属项目名称	Oracle 数据表的创建与管理
任务重点	① 使用 Enterprise Manager 实现实体完整性； ② 使用 ALTER TABLE、CREATE TABLE 语句中的 PRIMARY KEY 子句实现实体完整性		
任务难点	PRIMARY KEY 子句的用法		
教学方法	任务驱动法、分组讨论法、三步训练法、案例教学法		
任务描述	实现 student 表的主键约束		

【核心能力】

能够熟练运用 OEM 方式和 CREATE TABLE 中的 PRIMARY KEY 子句实现实体完整性。

【任务完成过程】

1．OEM 方式

(1) 在"创建表"界面中设定"一般信息"中字段的内容，如图 6-17 所示。

(2) 单击"约束条件"进入"约束条件"界面，如图 6-18 所示。

Oracle数据库项目教程

图 6-17 "创建表"界面

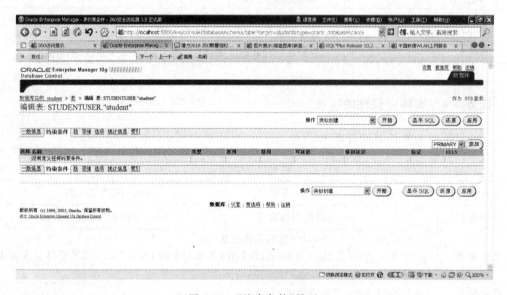

图 6-18 "约束条件"界面

（3）单击"添加"按钮左侧的下拉列表框选择 PRIMARY 约束类型，然后单击"添加"按钮进入"添加 PRIMARY 约束条件"界面，如图 6-19 所示。

（4）选择"可用列"中的主关键字，单击"移动"按钮，则选中的主关键字被移至"所选列"中，约束条件可涉及一列或多列，单击"继续"按钮完成。

2．命令方式

（1）在创建表时同时创建了主键约束，用户也可以用 CREATE TABLE 命令中提供的 PRIMARY KEY 子句进行创建：

112

图 6-19 "添加 PRIMARY 约束条件"界面

```
CREATE TABLE student
(studentID char(10)PRIMARY  KEY,
  studentName varchar2(10),
  nation char(10),
…
);
```

（2）当多个数据列作为主键时，可以用以下方法创建多列主键：

```
CREATE TABLE student_2
( studentID char(10),
  studentName varchar2(10),
  nation char(10),
  address varchar2(50),
CONSTRAINT pk_na  PRIMARY KEY (studentName , address));
```

其中，PRIMARY KEY(studentName，address)表示 student 表的主码，pk_na 是主码约束名，如图 6-20 所示。

（3）如果表已经创建了，可以使用 ALTER TABLE 语句进行修改。例如为 student 表创建主键可以用以下命令：

```
ALTER TABLE "student" ADD ( PRIMARY KEY ("studentID") VALIDATE )
```

创建主键的界面如图 6-21 所示。

（4）禁用或删除主键必须与 ALTER TABLE 语句一起使用。例如：

```
ALTER TABLE student DISABLE PRIMARY KEY;
ALTER TABLE "student" DROP PRIMARY KEY
```

删除主键的界面如图 6-22 所示。

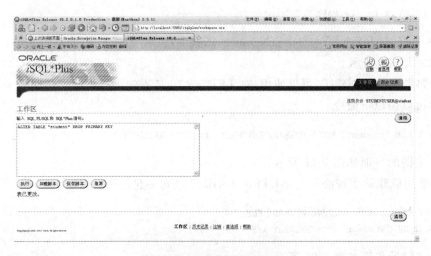

图 6-20　创建多列主键的界面

图 6-21　创建主键的界面

图 6-22　删除主键的界面

任务 6-5　参照完整性的实现

表 6-6 所示为本任务的任务卡。

表 6-6　任务卡

任务编号	6-5	任务名称	参照完整性的实现
计划课时	1	所属项目名称	Oracle 数据表的创建与管理
任务重点	① 使用 Enterprise Manager 实现参照完整性； ② 使用 ALTER TABLE、CREATE TABLE 语句中的 FOREIGN KEY 子句实现参照完整性		
任务难点	FOREIGN KEY 子句的用法		
教学方法	任务驱动法、分组讨论法、三步训练法、案例教学法		
任务描述	实现 student 表的外键约束		

【核心能力】

能够熟练运用 OEM 方式和 CREATE TABLE 中的 FOREIGN KEY 子句实现参照完整性。

【任务完成过程】

1．OEM 方式

（1）在"创建表"界面中设定"一般信息"中字段的内容，如图 6-17 所示。

（2）单击"约束条件"进入"约束条件"界面，如图 6-18 所示。

（3）单击"添加"按钮左侧的下拉列表框选择 FOREIGN 类型，然后单击"添加"按钮进入"添加 FOREIGN 约束条件"界面，如图 6-23 所示。

图 6-23　"添加 FOREIGN 约束条件"界面

（4）在"引用表"文本框中输入引用表的名称，在"可用列"中选择相应的列，如图 6-24 所示，然后单击"继续"按钮完成。

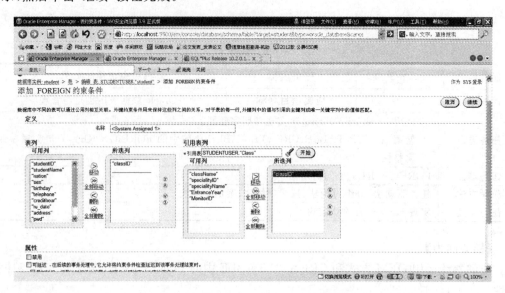

图 6-24　输入引用表的名称并选择相应的列

2. 命令方式

（1）在创建表时同时创建了外键约束，用户也可以使用 CREATE TABLE 命令中提供的 FOREIGN KEY 子句进行创建：

```
CREATE TABLE student
(studentID char(10)PRIMARY  KEY,
  studentName varchar2(10),
  nation char(10),
classid char(7)CONSTRAINT fk_classid REFERENCES class (classID),
);
```

（2）如果使用表级的约束，可以用以下方法创建：

```
CREATE TABLE student_3
(
   studentID char(10),
   studentName varchar2(10),
   nation char(10),
   address varchar2(50),
   classid char(7),
   CONSTRAINT fk_classid FOREIGN KEY (classid) REFERENCES "STUDENTUSER"."Class"("classID")
)
```

其中，FOREIGN KEY (classid)表示 student 表中的外键 classid 对应 class 表中的主键 classID，fk_classid 是此外键的约束名，如图 6-25 所示。

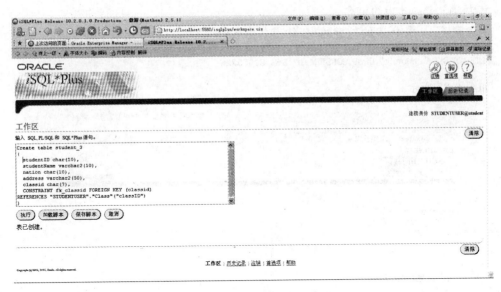

图 6-25　创建外键约束的界面

（3）如果表已经创建了，可以使用 ALTER TABLE 语句进行修改，例如为 student 表加入外键约束可用以下命令：

```
ALTER TABLE "STUDENTUSER"."student" ADD(FOREIGN KEY ("classID") REFERENCES "STUDENTUSER".
"class" ("classID"))
```

如图 6-26 所示。

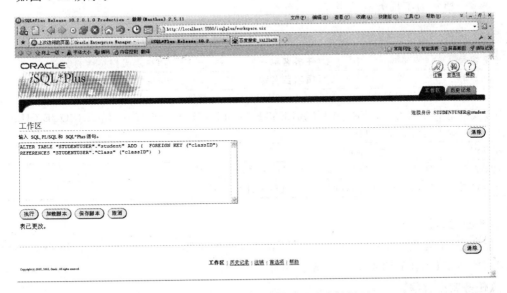

图 6-26　为已存在的表创建外键约束的界面

（4）禁用或删除主键必须与 ALTER TABLE 语句一起使用，可以使用以下命令：

```
ALTER TABLE student DISABLE CONSTRAINT fk_classid;
ALTER TABLE student DROP CONSTRAINT fk_classid
```

其中,fk_classid 为约束名。

例如删除 student 表的外键约束,约束名为 SYS_C005522,可用以下命令:

```
ALTER TABLE "student" DROP CONSTRAINT SYS_C005522
```

如图 6-27 所示。

图 6-27　删除外键约束的界面

任务 6-6　用户定义完整性的实现

表 6-7 所示为本任务的任务卡。

表 6-7　任务卡

任务编号	6-6	任务名称	用户定义完整性的实现
计划课时	2	所属项目名称	Oracle 数据表的创建与管理
任务重点	① 使用 Enterprise Manager 实现用户定义完整性; ② 使用 ALTER TABLE、CREATE TABLE 语句中的 NOT NULL、UNIQUE、CHECK 短语实现完整性		
任务难点	CHECK 短语的用法		
教学方法	任务驱动法、分组讨论法、三步训练法、案例教学法		
任务描述	实现 student 的列值非空、列值唯一、检查约束		

【核心能力】

能够熟练运用 OEM 方式和 ALTER TABLE、CREATE TABLE 语句中的 NOT NULL、UNIQUE、CHECK 短语实现完整性。

【任务完成过程】

1. OEM 方式

1）列值非空约束

在"创建表"界面中设定"一般信息"中字段的内容后,选中"不为空"复选框,如图 6-28 所示。

118

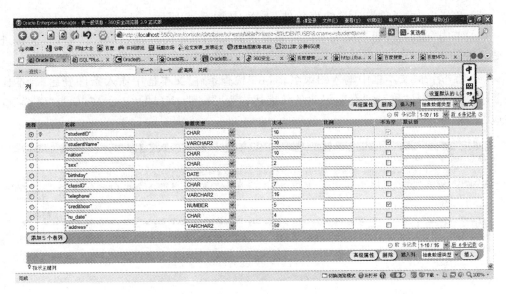

图 6-28　设置列值非空约束的界面

2）列值唯一约束

（1）在"创建表"界面中设定"一般信息"中字段的内容，如图 6-17 所示。

（2）单击"约束条件"进入"约束条件"界面，如图 6-18 所示。

（3）单击"添加"按钮左侧的下拉列表框选择 UNIQUE 类型，然后单击"添加"按钮进入设置列值唯一约束的界面，如图 6-29 所示。

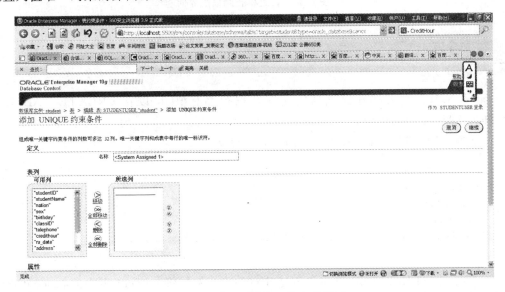

图 6-29　设置列值唯一约束的界面

（4）在"所选列"中设定唯一值列，单击"继续"按钮完成。

3）检查约束

（1）在"创建表"界面中设定"一般信息"中字段的内容，如图 6-17 所示。

（2）单击"约束条件"进入"约束条件"界面，如图 6-18 所示。

（3）单击"添加"按钮左侧的下拉列表框选择 CHECK 类型，然后单击"添加"按钮进入设置检查约束的界面，如图 6-30 所示。

（4）在"名称"文本框中输入约束名称，在"检查条件"文本框中输入条件表达式，本任务中要求性别只能是"男"或"女"，因此条件表达式为""sex" IN('男','女')"，单击"继续"按钮完成。

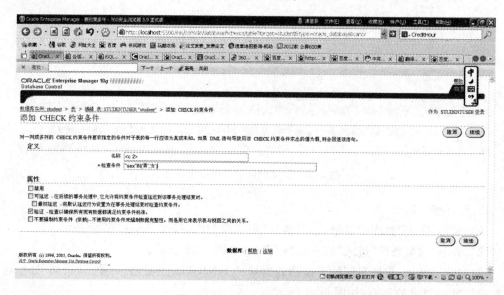

图 6-30　设置检查约束的界面

2. 命令方式

1）非空约束

NOT NULL 约束将确保该列的所有数据行都有值，可以在 CREATE TABLE 和 ALTER TABLE 语句中创建。

（1）在 CREATE TABLE 语句中创建非空约束。

```
CREATE TABLE student
(studentID char(10)PRIMARY   KEY,
   studentName varchar2(10)   NOT NULL,
   nation char(10),
classid char(7)CONSTRAINT fk_classid REFERENCES Class (classID),
);
```

（2）在 ALTER TABLE 语句中创建非空约束。例如将 student 表中的 studentName 字段设置为非空，可以用命令 ALTER TABLE "student" MODIFY   "studentName" NOT NULL，如图 6-31 所示。

2）列值唯一约束

列值唯一约束可以保证在保护的数据列中任何两行的数据都不相同，唯一约束和表一起创建，在唯一约束创建之后，可以使用 ALTER TABLE 语句进行修改。

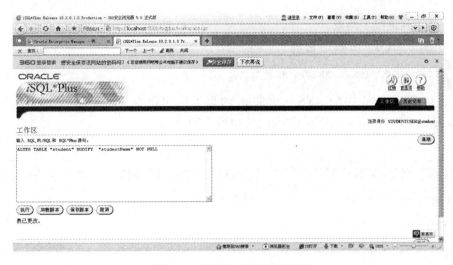

图 6-31　创建非空约束的界面

语法：

列名　数据类型 CONSTRAINT　约束名称 UNIQUE

(1) 在 CREATE TABLE 中创建列值唯一约束。

```
CREATE TABLE student
(studentID char(10)PRIMARY   KEY,
   studentName varchar2(10)   NOT NULL   CONSTRAINT   my_unique   UNIQUE,
   nation char(10),
classid char(7)CONSTRAINT fk_classid REFERENCES Class (classID),
);
```

(2) 在 ALTER TABLE 语句中创建列值唯一约束,例如将 student 表中的 studentName 字段设置为列值唯一,可用命令 ALTER TABLE "student" ADD UNIQUE ("studentName"),如图 6-32 所示。

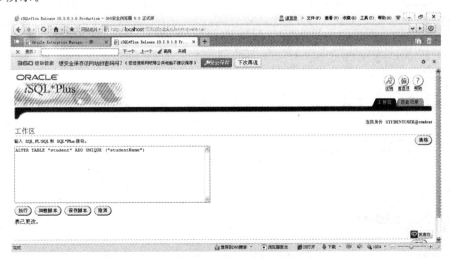

图 6-32　创建列值唯一约束的界面

（3）禁用列值唯一约束。

使用 ALTER TABLE 语句。

ALTER TABLE 表名 DISABLE CONSTRAINT 约束名；

例如禁用 student 表的 SYS_C005528 约束可以用命令 ALTER TABLE "student" DISABLE CONSTRAINT SYS_C005528，如图 6-33 所示。

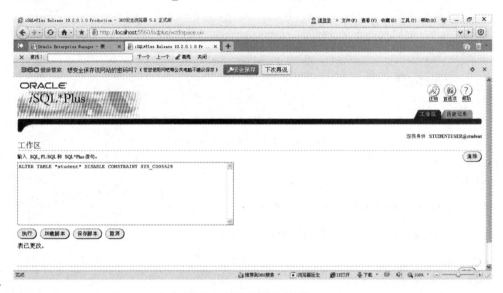

图 6-33　禁用约束的界面

（4）删除列值唯一约束。

使用 ALTER TABLE …DROP CONSTRAINT 语句。例如删除 student 表中的 SYS_C005528 约束，可用命令 ALTER TABLE "student" DROP CONSTRAINT SYS_C005528，如图 6-34 所示。

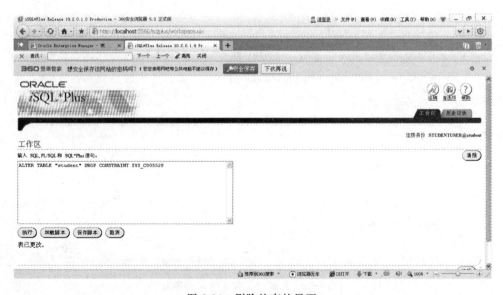

图 6-34　删除约束的界面

3）检查约束

创建表的 CHECK 约束使用 CREATE TABLE 语句，更改表的约束使用 ALTER TABLE 语句。

语法：

```
CONSTRAINT [constraint_name] CHECK (condition);
```

其中，constraint_name 为约束名称，condition 为检查条件。

（1）对 sex 列进行检查，只能取'男'或'女'。

```
CREATE TABLE student
(studentID char(10)PRIMARY  KEY,
  studentName varchar2(10)  NOT NULL  CONSTRAINT  my_unique  UNIQUE,
  nation char(10),
classid char(7)CONSTRAINT fk_classid REFERENCES Class (classID),
sex char(2)  CONTSTRAINT check_sex CHECK (sex in ('男','女'))
);
```

（2）多列组合 CHECK 约束。

```
ALTER TABLE "student" ADD CONSTRAINT check_1  CHECK ("sex" in ('男','女') and "birthday" >'01-
JAN-1970'and "birthday" <'01-JAN-2000'
```

（3）禁用 CHECK 约束。

使用 ALTER TABLE 语句。

```
ALTER TABLE"student" DISABLE CONSTRAINT check_1;
```

其中，check_1 为约束名称。

（4）删除 CHECK 约束。

使用 ALTER TABLE …DROP CONSTRAINT 语句。

```
ALTER TABLE "student" DROP CONSTRAINT check_1
```

【课堂同步训练】

使用命令方式创建 teacher 表。

项目6.3   数据的更新

任务 6-7   插入记录

表 6-8 所示为本任务的任务卡。

表 6-8   任务卡

任务编号	6-7	任务名称	插入记录
计划课时	1	所属项目名称	Oracle 数据表的创建与管理
任务重点	数据插入语句		
任务难点	数据插入语句		
教学方法	任务驱动法、分组讨论法、案例教学法		
任务描述	根据用户的实际情况向表中插入相关数据		

【核心能力】

能熟练应用命令语句完成数据的插入操作。

【任务完成过程】

SQL 提供了 3 种插入数据的方法。

- 单行：使用 INSERT 命令向表中插入一行新记录。
- 多行：使用 INSERT 命令从数据库的其他对象中选取多行数据并将它们添加到表中。
- 表间数据复制：从一个数据表中选择需要的数据插入到新表中。

【课堂同步训练】

1. 课堂同步训练的任务描述

（1）向"学生基本信息表"中插入一条记录，如图 6-35 所示。

（2）将"学生基本信息表"中的全部记录写入到已经存在的"学生基本信息表副本"中，如图 6-36 所示。

（3）创建"学生基本信息表副本 2"表，将"学生基本信息表"中的全部记录写入到这个表中，如图 6-37 所示。

2. 同步训练的效果展示

使用 DBA 用户 SYSTEM 登录 iSQL＊Plus，输入图 6-35～图 6-37 中所示的命令，即可查询信息。

图 6-35　插入一条记录

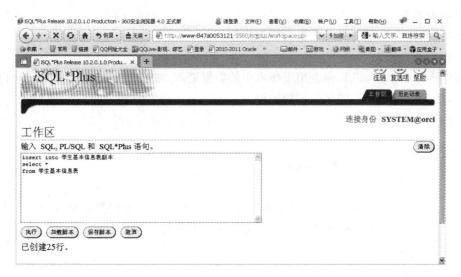

图 6-36 将"学生基本信息表"中的全部记录写入到已经存在的"学生基本信息表副本"中

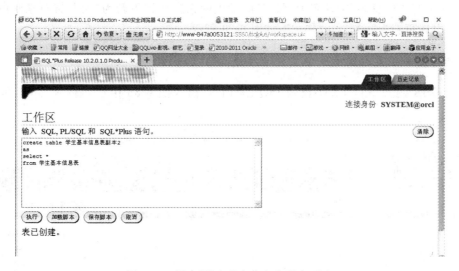

图 6-37 创建"学生基本信息表副本 2"表

任务 6-8 更新记录

表 6-9 所示为本任务的任务卡。

表 6-9 任务卡

任务编号	6-8	任务名称	更新记录
计划课时	0.5	所属项目名称	Oracle 数据表的创建与管理
任务重点	数据更新语句		
任务难点	数据更新语句		
教学方法	任务驱动法、分组讨论法、案例教学法		
任务描述	根据用户的实际情况在表中更新相关数据		

【核心能力】

能熟练应用命令语句完成数据的更新操作。

【任务完成过程】

SQL 提供了 UPDATE 命令用于将表中的数据更新、修改为确定的值,该命令可以修改在单个表中所选行的一个或多个字段的值。

语法格式:

```
UPDATE 表名
SET 字段名 = 表达式,字段名 = 表达式
WHERE 条件表达式
```

其中,UPDATE 为关键字,表名为被修改的目标表;SET 子句指定修改的字段并赋新值,字段之间用","分隔;WHERE 子句指定被修改表的行。

【课堂同步训练】

1. 课堂同步训练的任务描述

将"学生基本信息表"中姓名为"张三"的学生的家庭住址更新为"河北省石家庄市长安区"、家庭电话更新为"0311-9876543",如图 6-38 所示。

2. 同步训练的效果展示

使用 DBA 用户 SYSTEM 登录 iSQL * Plus,输入图 6-38 中所示的命令,即可查询信息。

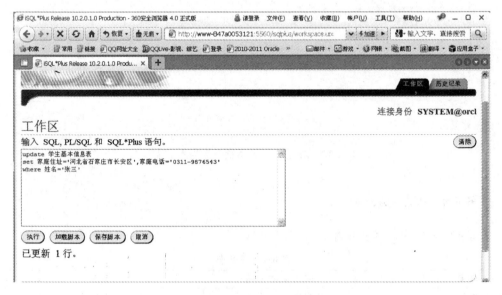

图 6-38 数据的更新

任务 6-9 删除记录

表 6-10 所示为本任务的任务卡。

表 6-10　任务卡

任务编号	6-9	任务名称	删除记录
计划课时	0.5	所属项目名称	Oracle 数据表的创建与管理
任务重点	数据删除语句		
任务难点	数据删除语句		
教学方法	任务驱动法、分组讨论法、案例教学法		
任务描述	根据用户的实际情况在表中删除相关数据		

【核心能力】

能熟练应用命令语句完成数据的删除操作。

【任务完成过程】

SQL 提供了下面两种删除数据的方法。

(1) 删除所选行的数据：使用 DELETE 命令从数据表中删除所选行的数据。

语法格式：

```
DELETE FROM 表名
WHERE 条件表达式
```

其中，DELETE 为关键字，FROM 子句用于指定目标表，WHERE 子句用于指定被删除的行。

(2) 删除整表数据：使用 TRUNCATE 命令删除整个数据表中的数据。

语法格式：

```
TRUNCATE TABLE 表名
```

其中，TRUNCATE 为永久删除数据关键字。

【课堂同步训练】

1. 课堂同步训练的任务描述

(1) 将"学生基本信息表"中姓名为"张三"的学生记录删除，如图 6-39 所示。

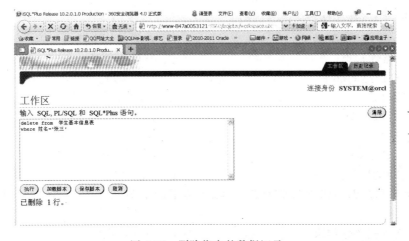

图 6-39　删除指定的数据记录

（2）删除"学生基本信息表副本2"中全部的学生记录，如图6-40所示。

2. 同步训练的效果展示

使用DBA用户SYSTEM登录iSQL＊Plus，输入图6-39和图6-40中所示的命令，即可查询信息。

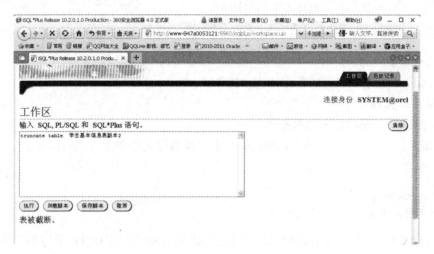

图6-40　使用TRUNCATE命令删除数据

【习题】

1. 填空题

（1）在设计表时，对于邮政编码（固定6位）列最适合的数据类型是_____。

（2）在ALTER TABLE语句中，如果要删除列，可以通过指定_____关键字来实现。

（3）使用_____命令可以显示表的结构信息。

（4）_____约束可以确保在列中不输入重复值。

2. 选择题

1. 下列（　　）条件是建表所必需的。

    A. 有表空间的配额　　　　　　　　　B. 有临时表空间

    C. 完整性约束　　　　　　　　　　　D. 有建立表的权限

2. 要保证商品的数量在1～100，可以通过（　　）约束实现。

    A. CHECK　　　　　　　　　　　　　B. PRIMARY KEY

    C. UNIQUE　　　　　　　　　　　　D. DEFAULT

3. 要保证在student表中添加记录时自动填写性别"女"，可以通过（　　）约束来实现。

    A. CHECK　　　　　　　　　　　　　B. PRIMARY KEY

    C. UNIQUE　　　　　　　　　　　　D. DEFAULT

4. 在关系数据库中建立数据库表时，将年龄字段值限制在12～40岁之间的约束属于（　　）。

    A. 视图完整性约束　　　　　　　　　B. 域完整性约束

    C. 参照完整性约束　　　　　　　　　D. 实体完整性约束

3．编程题

（1）编程创建学生表（t_student），该表记录了学生个人信息，格式如表 6-11 所示。

表 6-11　学生表（t_student）

字 段 名 称	字 段 说 明	字 段 类 型	备　　注
no	学号	varchar2(11)	主键
name	姓名	varchar2(10)	允许为空
sex	性别	char(2)	默认值为男

（2）编程创建学生成绩表（t_student_score），该表记录了某个学生的某门课程的成绩，格式如表 6-12 所示。

表 6-12　学生成绩表（t_student_score）

字段名称	字段说明	字段类型	备　　注
no	学号	varchar2(11)	no 和 cno 字段联合做主键，同时 no 字段要作为学生表的外键
cno	课程编号	varchar2(10)	
score	成绩	numberic(3,1)	score 字段的取值大于等于 0，允许为空

（3）已知公司的员工表 emp(eid,ename,bdate,sex,city)、部门表 dept(did，dname，dcity)、工作表 work(eid,did,startdate,salary)，对各字段的说明如下。
- eid：员工编号，最多 6 个字符，例如 A00001（主键）。
- ename：员工姓名，最多 10 个字符，例如 SMITH。
- bdate：出生日期，日期型。
- sex：员工性别，单个字符，F 或者 M。
- city：员工居住的城市，最多 20 个字符，例如上海。
- did：部门编号，最多 3 个字符，例如 A01（主键）。
- dname：部门名称，最多 20 个字符，例如研发部门。
- dcity：部门所在的城市，最多 20 个字符，例如上海。
- startdate：员工到部门上班的日期，日期型。
- salary：员工的工资，整型。

请使用 Oracle 的 SQL＊Plus 创建表 emp、dept、work，并定义表的主键和外键。

4．数据更新操作

（1）分别向 3 个数据表中插入表 6-13～表 6-15 所示的数据。

表 6-13　student 数据表

sno	sname	sex	sage	sdept
10001	李明	男	20	会计系
10002	张燕秋	女	19	会计系
10003	张力昆	男	25	计算机应用系
10004	王建华	女	20	软件开发系
10005	高宏博	男	20	软件开发系
20003	刘静	女	21	电子商务系

表 6-14　course 数据表

cno	cname	ccredit
A0001	会计基础	4
A0002	财务管理	4
B0006	电子物理	3
C0001	高等数学	12
C0002	程序设计	4
C0003	数据库	4

表 6-15　score 数据表

sno	cno	grade
10001	A0001	85
10001	A0002	68
10002	A0001	73
10002	A0002	90
10004	C0001	57
10004	C0002	83
10004	C0003	79
10005	C0003	96

（2）将 student 表中学号为"10003"的学生的年龄改为 22。

（3）将 student 表中的系别"软件开发系"改为"软件工程系"。

（4）将 course 表中的"高等数学"课程的学分改为 2 分。

（5）删除学号为"20003"的学生的信息。

实训　数据表的创建与管理

实训目的

（1）掌握表结构的建立、修改、查看、删除的操作和技巧，能够解决在操作过程中出现的常见问题。

（2）掌握表数据的插入、更新和删除操作，能够解决在操作过程中出现的常见问题。

实训要求

（1）记录执行命令和操作过程中遇到的问题和解决方法，对这些问题要弄懂，对问题涉及的知识要了解透彻。

（2）记录利用企业管理器管理表结构和表数据的方法。

（3）记录利用命令管理表结构和表数据的 SQL 语句。

实训内容

1. 创建表结构

（1）利用企业管理器将附录 B 中的 14 张表中的 1、4、7、8、9、10、12、13 表建立到租赁数据库中，表结构如附录 B 所示。

（2）利用命令行方式创建剩余的 2、3、5、6、11、14 表，其结构如附录 B 所示。

2. 查看数据库中的表

（1）利用查询语句从数据字典中查看表：SELECT DISTINCT TABLE_NAME FROM USER_TAB_COLUMNS。

（2）利用查询语句从数据字典中查看表：SELECT * FROM DBA_TABLES WHERE OWNER='所有者'。

3. 查看表结构

（1）利用企业管理器查看员工医疗保险系统中所有表的字段信息和约束信息。

（2）利用查看字段命令"DESC 表名"。

（3）利用查询语句从数据字典中查看表结构：SELECT * FROM USER_TAB_COLUMNS WHERE TABLE_NAME='表名'。

（4）利用查询语句从数据字典中查看表结构：SELECT * FROM DBA_TAB_COLUMNS WHERE TABLE_NAME = '表名'。

（5）利用查询语句从数据字典中查看表结构：SELECT CONSTRAINT_NAME FROM DBA_CONSTRAINTS WHERE TABLE_NAME='表名'。

4. 修改表结构

（1）利用命令将收付款表 Received 重新命名为 Received01。

（2）利用企业管理器为收付款表 Received01 添加 temp Char(50)字段，利用 DESC 命令查看收付款表 Received01 的字段信息。

（3）利用命令为收付款表 Received01 添加 temp2 Char(50)、temp3 Char(50)两个字段，利用 DESC 命令查看收付款表 Received01 的字段信息。

（4）利用命令向收付款表 Received01 添加 Received_date 字段唯一性约束，从数据字典 DBA_CONSTRAINTS 中查看收付款表 Received01 的约束信息。

（5）利用命令删除收付款表 Received01 的 Received_date 字段唯一性约束，从数据字典 DBA_CONSTRAINTS 中查看收付款表 Received01 的约束信息。

（6）利用企业管理器从收付款表 Received01 删除 temp 字段，利用 DESC 命令查看收付款表 Received01 的字段信息。

（7）利用命令从收付款表 Received01 删除 temp2、temp3 两个字段，利用 DESC 命令查看收付款表 Received01 的字段信息。

（8）利用命令将收付款表 Received01 的 Received_capital 字段的长度修改为 70，利用

DESC 命令查看收付款表 Received01 的字段信息。

5．插入表数据

（1）利用命令向租赁业务数据库的每个表中插入记录。在插入数据的过程中如果遇到问题记下解决方法,注意各种约束对插入数据的影响和表数据的插入顺序。

（2）利用命令使用表间数据复制的方法创建收付款表 Received02,将全部字段的值复制到 Received02,并查看员工 Received02 的内容。

（3）利用命令使用表间数据复制的方法创建收付款表 Received03,将部分字段的值复制到 Received03,并查看 Received03 的内容。

6．修改表数据

利用命令将收付款表 Received01 中的数据进行修改,记录修改数据过程中遇到的问题及解决方法,注意各种约束对修改数据的影响。

7．删除表数据

（1）利用命令删除收付款表 Received01 中的数据,记录数据删除过程中遇到的问题及解决方法,注意删除外键约束数据时删除方式对删除数据的影响。

（2）利用命令删除消费表中的所有数据。

（3）利用命令删除租金基本信息表 Money 中的某 Material_categories 品名的数据。

（4）利用 ROLLBACK 命令恢复所有数据。

8．删除表结构

（1）利用命令删除收付款表 Received03,看能否成功。从原理上解释原因,同时记录外键约束对表删除顺序的影响。

（2）利用企业管理器删除收付款表 Received03,看能否成功。从原理上解释原因。

常见问题分析

1．"名称已由现有对象使用"错误

数据库中已存在同名对象,修改数据库对象名称即可。

2．查看数据字典信息时,使用的 SELECT 命令正确,却查不到数据

Oracle 中的所有命令、语句、对象名及各种名称对大小写不敏感,只有对具体数据是敏感的。所以在用条件查询进行字符比较时,一定要区分大小写。直观地说,单引号、引号里的内容是区分大小写的。

例如,在建表的时候写成:

```
CREATE TABLE "Test" (a char(1));
```

那么在查询的时候只能写成:

```
SELECT * FROM "Test";
```

而不能写成：

```
SELECT * FROM test;
```

3．插入数据时，出现"值过多"、"没有足够的值"或"插入的值对于列过大"的错误

插入数据时，要求字段列表和值列表是按顺序一一对应的，即字段的个数、类型、长度与值的个数、类型、长度必须一致。如果字段的个数多，则出现"没有足够的值"的错误；如果字段的个数少，则出现"值过多"的错误；如果字段的类型与值列表中值的类型不一致，或值的长度超出了字段的长度，则出现"插入的值对于列过大"的错误。

4．插入数据时，出现"未找到父项关键字"错误

外键关联的两个表输入的数据必须满足参照完整性，即子表中外键字段的值或者为空，或者为父表中外键关联的主键值中的一个。出现"未找到父项关键字"错误可能有多种情况：

（1）在子表中输入的外键字段的值在父表中外键关联的主键值中不存在，应修改为父表中主键已经存在的值。

（2）可能是外键关联的父表和子表中字段的类型、长度不一致，父表中主键的长度大于子表中外键的长度，应修改子表，使子表中外键的类型、长度与父表一致。

（3）可能是外键关联的父表中未创建主键，应在父表中定义外键关联的字段为主键。

（4）外键关联的表的数据插入顺序是先插入父表数据，再插入子表数据。

5．删除数据时，出现"已找到相关子记录"错误

删除表中数据时，外键关联的父表与子表，在没有指定数据删除方式为级联删除时，数据的删除顺序是先删除子表数据，再删除父表数据。如果在子表中仍存在父表中要删除记录相关的记录时，出现"已找到相关子记录"错误，那么解决的方法为先删除子表中的相关记录，再删除父表中的记录。

6．创建外键约束时，出现"此列列表的唯一或主键不匹配"错误

在创建外键约束时，由于参照完整性要求子表的外键与父表的主键建立外键关联，而当父表上外键关联的字段不是主键时，出现"此列列表的唯一或主键不匹配"错误，解决的方法是在父表外键关联的字段上创建主键约束或唯一值约束。另外，主键约束相当于唯一性和非空两个约束的作用，但几个字段联合作为主键时不能保证每个字段有唯一值。所以在定义表的约束时，要注意主键约束的正确使用。

7．表创建存在先后顺序

创建表时，如果存在外键约束，则应先创建无外键关联的父表，再创建子表，因为外键约束是建立在子表上的。如果先创建子表，那么建立外键约束时选择不到外键关联的父表。

8. 外键约束建立在子表上

在 Oracle 数据库中外键约束建立在子表上。

9. 名称已被一现有约束条件占用

在 Oracle 数据库中,约束的名称在一个方案中必须是唯一的,所以一般情况下用户不自己定义约束的名称,而是由系统给定约束名称,用户自己定义时要注意在同一方案中约束的名称不要相同。

10. 表只能具有一个主键

在 Oracle 数据库中,一个表的主键约束是唯一的,但这并不表明一个表的主键字段是唯一的,一个表的主键可以是一个字段,也可以多个字段联合作为主键。如果是多个字段联合作为主键,则定义成表级约束。

11. 无法减小列长度,因为一些值过大

在 Oracle 数据库中,要改变表中字段的类型或减小字段长度,该字段的所有记录值必须为空,如果该字段存在记录值,则字段长度只能扩大,不能减小。

12. 表删除存在先后顺序

删除存在外键关联的表的顺序与创建表的顺序正好相反,应先删除子表,再删除父表,否则会出现“表中的唯一/主键被外部关键字引用”错误。

13. 插入或修改数据时,违反主键等各种约束错误

在插入数据或修改数据时,插入的数据或修改后的数据应满足创建表时的约束条件,否则视违反约束的具体情况而定。首先查看违反了什么约束,再查看约束的具体内容,如果是主键约束,则主键的值不能为空,不能重复;如果是检查约束,则应符合检查条件;如果是外键约束,则应符合参照完整性;如果是唯一性约束,则字段的值不能重复;如果是非空约束,则字段不能不赋值。

Oracle索引和视图的创建与管理

【教学导航】

	能力（技能）目标	知识目标	情感目标
教学目标	① 用 OEM 创建、修改、查看和删除视图； ② 用 PL/SQL 创建、修改、查看和删除视图； ③ 使用视图； ④ 用 OEM 创建、修改、查看和删除索引； ⑤ 用 PL/SQL 创建、修改、查看和删除索引	① 了解索引的作用、特点； ② 能够按照应用需求合理地创建、修改、删除索引； ③ 了解视图的作用、特点，能够按应用需求合理地创建、修改、删除视图	① 团队合作精神； ② 自学能力； ③ 独立完成任务的能力
教学重点	创建索引，创建视图		
教学难点	创建视图		
课时建议	8		
能力训练 任务及案例	项目 7.1　索引的创建、修改和删除 　任务 7-1　student 表中索引的操作 项目 7.2　视图的创建、修改和删除 　任务 7-2　设计 student 数据库中的视图		

　　访问表中的行最常用顺序访问和索引访问。顺序访问就是一行一行地浏览表，当表中的记录很多时，这种方法的效率很低，通过索引访问能大大地提高访问效率。

　　数据库中的索引和图书中的目录相似，当我们在书中查找内容时，通过浏览章节目录，可以迅速地找到该内容的页码，然后快速定位到该页。

　　索引提供指针以指向存储在表中指定列的数值，然后根据指定的排序次序排列这些指针，先通过搜索索引找到特定的值，然后跟随指针到达包含该值的行。

　　索引依赖于数据库的表，作为表的一个组成部分，一旦创建后，由数据库系统自身进行

维护。一个表的存储是由两部分组成的,一部分用来存放表的数据页面,另一部分用来存放索引页面,索引就存放在索引页面上。

索引页面相对于数据页面来说小得多。当进行数据检索时,系统先搜索索引页面,从中找到所需数据的指针,再直接通过指针从数据页面中读取数据。

1.使用索引的好处

(1)通过创建唯一性索引可以保证数据库表中每一行数据的唯一性。

(2)可以大大加快数据的检索速度,这也是创建索引最主要的原因。

(3)可以加速表和表之间的连接,特别是在实现数据的参考完整性方面特别有意义。

(4)在使用分组和排序子句进行数据检索时,同样可以显著减少查询中分组和排序的时间。

(5)通过使用索引,可以在查询的过程中使用优化隐藏器提高系统的性能。

2.使用索引的弊端

(1)创建索引和维护索引要耗费时间,这种时间随着数据量的增加而增加。

(2)索引需要占物理空间,除了数据表占数据空间之外,每一个索引还要占一定的物理空间,如果要建立聚簇索引,那么需要的空间就会更大。

(3)当对表中的数据进行增加、删除和修改的时候,索引也要动态的维护,这样就降低了数据的维护速度。

3.索引的分类

(1)B树索引:在创建索引时是默认的索引类型,B树索引可以是单一列(简单)的索引,也可以是多个列(组合/复合)的索引,最多可以包括32列,适合访问表中占很小比例的行,这样就可以使用索引快速定位;或者根本不访问表,所需查询的数据全部在索引中,例如查询的列就是索引,这样直接访问索引就可以得到结果,多用在OLTP系统中。

(2)位图索引:在列的值重复非常多的情况下使用。当大多数条目不会向位图添加新的值时,位图索引在加载表时比B树索引做的好。由于位图索引最大的用处就是当列值有很多重复的时候,所以它不能被声明成唯一索引。当使用ALTER TABLE修改有位图索引的列的时候,位图索引失效,需重建索引。位图索引里是101010这类的,不包含任何列数据。

(3)反转键索引:当载入一些有序索引的时候,索引集中分布,如果数据使用的索引集中在一个数据块则会发生争用,这时可以将索引反转(REVERSE)。

(4)基于函数的索引:当查询的列上使用了函数之后就不能使用原来的索引了,但是可以建立函数索引,使建立在函数上的索引可以使用。

(5)聚簇索引:如果一组表有一些共同的列,则将这样一组表存储在相同的数据库块中。聚簇还表示把相关的数据存储在同一个块上,利用聚簇,一个块可能包含多个表的数据。在概念上就是如果两个或多个表经常做链接操作,那么可以把需要的数据预先存储在一起。

4. 使用索引的一些规则

（1）权衡索引个数与 DML 之间的关系，DML 就是插入、删除数据的操作。

建立索引的目的是为了提高查询效率，但建立的索引过多，会影响插入、删除数据的速度，因为我们修改表数据，索引也会跟着修改，这里需要权衡我们的操作是查询多还是修改多。

（2）把索引与对应的表放在不同的表空间。

当读取一个表时，表与索引是同时进行的。如果表与索引在一个表空间里会产生资源竞争，放在两个表空间就可以并行执行。

（3）如果一个表很大，建立索引的时间很长，因为建立索引也会产生大量的 redo 信息，所以在创建索引时可以设置不产生或少产生 redo 信息。只要表数据存在，索引失败了可以再建所以可以不需要产生 redo 信息。

（4）依据不同的需要使用不同类型的索引。

B 树索引多用于联机事务处理系统（OLTP），用于快速定位行，应建立于高 cardinality 列（即列的唯一值除以行数为一个很大的值，存在很少的相同值）；在基数小的字段上要使用位图索引；函数索引应用于查询语句条件列上包含函数的情况。

项目 7.1　索引的创建、修改和删除

任务 7-1　student 表中索引的操作

表 7-1 所示为本任务的任务卡。

表 7-1　任务卡

任务编号	7-1	任务名称	student 表中索引的操作
计划课时	4	所属项目名称	Oracle 索引和视图的创建与管理
任务重点	① 在 student 表中创建索引； ② 在 student 表中修改索引； ③ 在 student 表中删除索引		
任务难点	在 student 表中创建索引		
教学方法	任务驱动法、分组讨论法、案例教学法		
任务描述	根据需要在 student 表中创建、修改和删除索引		

【核心能力】

能够熟练运用 OEM 方式和命令方式管理索引。

【任务完成过程】

1. OEM 方式

1）打开"索引"界面

打开 Enterprise Manager 的管理界面，在"方案"下的"数据库对象"栏中单击"索引"超链接，打开"索引"界面，如图 7-1 所示。

Oracle数据库项目教程

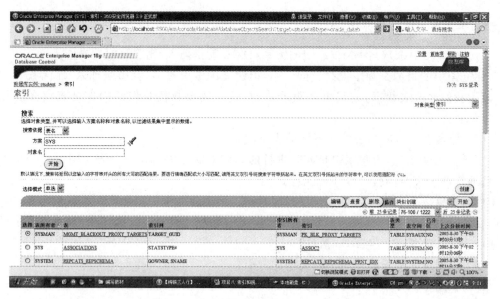

图 7-1　"索引"界面

单击"开始"按钮,在下面的表格中列出当前方案中所有的索引对象信息。在"对象名"文本框中输入要查找的索引名,单击"开始"按钮,可以查找指定的索引名。

2）创建索引

在如图 7-1 所示的"索引"界面中单击"创建"按钮,打开"创建索引"界面,输入索引名称,选择或输入方案和表空间,然后选择或输入表 student。Oracle 是区分大小写字母的,如果表名中有小写字母应加双引号。单击"置入列"按钮,表中列的信息会显示在下面的表格中;选择排序方式,ASC 为升序,DESC 为降序;在"顺序"文本框中输入各列的优先级,如图 7-2 所示。

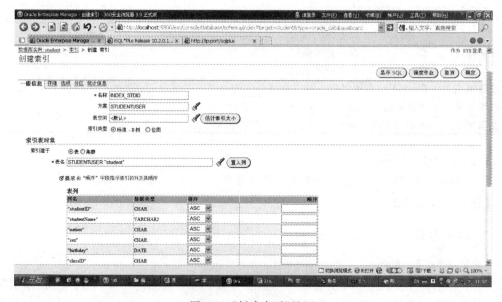

图 7-2　"创建索引"界面

单击"选项"按钮,在打开的界面中可以选择索引的类型和执行选项,"存储"和"分区"超链接用于对索引的存储和分区进行设置,一般使用默认。

配置完成后,单击"确定"按钮保存索引。

3) 删除索引

对于不再使用的索引应该及时删除。

在"索引"界面中单击"删除"按钮,打开确认删除索引的界面,如图 7-3 所示。

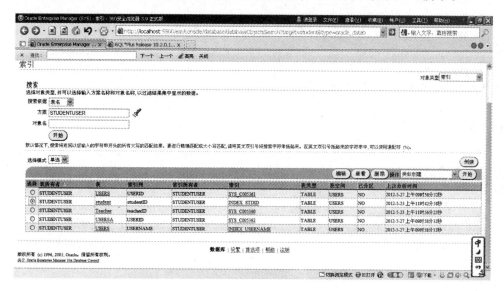

图 7-3　"索引"界面

单击"是"按钮可以删除索引,如图 7-4 所示。

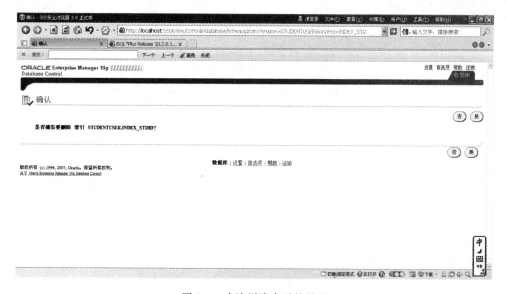

图 7-4　确认删除索引的界面

2. 命令行方式

1）创建主键索引

关键字（PRIMARY KEY）是表中的一个或多个字段，它的值用于唯一地标识表中的某一条记录。主键的值不可以重复，也不可以为空（NULL）。主关键字是可选的。

用户可在创建表时使用 PRIMARY KEY 指定主键列，例如：

```
CREATE TABLE users
(userid     number        primary key,
 username   varchar2(20),
 usertype   number(1),
 userpwd    varchar2(20)
);
```

如图 7-5 所示。

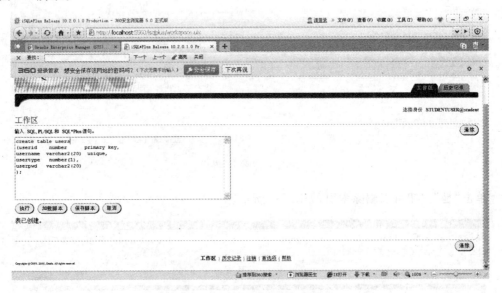

图 7-5　创建表时指定主键的界面

2）创建唯一索引

索引还可以用于强制字段数值的唯一性，或者是多个字段组合值的唯一性，以防止在列中输入重复的值。在创建表时可以使用 UNIQUE 指定唯一索引，例如：

```
CREATE TABLE users
(userid     number        primary key,
 username   varchar2(20)  unique,
 usertype   number(1),
 userpwd    varchar2(20)
);
```

如图 7-6 所示。

3）使用 CREATE UNIQUE INDEX 语句创建唯一索引

使用 CREATE UNIQUE INDEX 语句在 users 表的 username 字段上创建索引，索引

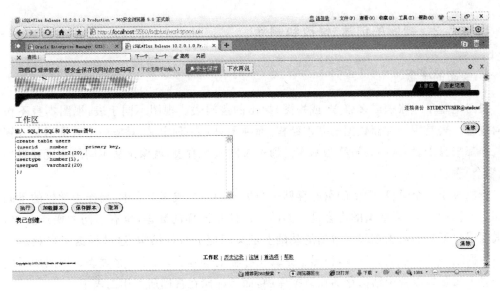

图 7-6　创建表时指定唯一索引的界面

名为 index_username：

```
CREATE UNIQUE INDEX index_username ON users(username)
```

4）修改索引

（1）修改索引名。

使用 ALTER INDEX 语句可以修改索引。

将索引 INDEX_STDID 改名为 INDEX_STDIDA 可以使用下面的语句：

```
ALTER INDEX "STUDENTUSER"."INDEX_STDID" RENAME TO "INDEX_STDIDA"
```

（2）使索引 INDEX_STDID 不可用，可以使用下面的语句：

```
SLTER INDEX UNDEX_STDID UNUSABLE
```

（3）要重新使用索引 INDEX_STDID，可以在 ALTER INDEX 中使用 REBUILD 关键词，代码如下：

```
ALTER INDEX INDEX_STDID REBUILD
```

在"索引"界面中单击"编辑"按钮，打开确认删除索引的界面，该界面和创建索引的界面类似，可以在该界面中修改索引。

5）删除索引

可以使用 DROP INDEX 语句删除索引。

删除索引 INDEX_STDID 的代码如下：

```
DROP INDEX INDEX_STDID;
```

【课堂同步训练】

创建主键索引，指定 class 表中的 classID 为主键列。

项目7.2　视图的创建、修改和删除

1. 视图的概念

视图是基于一张表或多张表(或视图)导出的逻辑表。视图不同于表,视图本身不包含任何数据。表是用于存储数据的基本结构,而视图只是一种定义,对应一个查询语句。视图的数据都来自于表,这些表被称为基表。通过视图来查看表,就像是从不同的角度观察一个(或多个)表。

例如对于一个学校,学生的情况存储于数据库的一个或多个表中,而作为学校的不同职能部门,所关心的学生数据的内容是不同的。即使是同样的数据,也有不同的操作要求,可以根据用户不同的需求在表中数据的基础上定义相应的数据结构,这种根据用户观点所定义的数据结构就是视图。所以,视图不是真实存在的基础表,而是一张虚表。视图所对应的数据并不实际地以视图结构存储在数据库中,而是存储在视图所引用的表中。

视图一经定义便存储在数据库中,与其相对应的数据并没有像表一样在数据库中另外存储一份,用户通过视图看到的数据只是存放在基表中的数据。对视图的操作与对表的操作一样,可以对其进行查询、修改(有一定的限制)和删除。

当对视图中的数据进行修改时,相应基表中的数据也会发生变化,同时,如果基表中的数据发生变化,则这种变化也可以自动地反映到视图中。

视图一经定义就可以像表一样被查询、修改、删除和更新。

2. 使用视图的优点

1) 视点集中,减少对象大小

视图让用户能够着重于他们所需要的特定数据或特定要求,例如用户可以选择特定行或特定列。

2) 从异构源组织数据

可以在连接两个或多个表的复杂查询的基础上创建视图,这样可以将单个表显示给用户。

3) 隐藏数据的复杂性,简化操作

视图向用户隐藏了数据库设计的复杂性,这样如果开发者改变数据库设计,不会影响到用户与数据库交互。另外,用户可以将经常使用的连接查询、嵌套查询或联合查询定义为视图。

4) 简化用户权限的管理

可以将视图的权限授予用户,而不必将基表中某些列的权限授予用户,这样就简化了用户权限的定义。

任务7-2　设计 student 数据库中的视图

表7-2所示为本任务的任务卡。

表 7-2　任务卡

任务编号	7-2	任务名称	设计 student 数据库中的视图
计划课时	4	所属项目名称	Oracle 索引和视图的创建与管理
任务重点			① 在 student 数据库中创建视图； ② 在 student 数据库中修改视图； ③ 在 student 数据库中删除视图
任务难点			在 student 数据库中创建视图
教学方法			任务驱动法、分组讨论法、案例教学法
任务描述			根据需要在 student 数据库中创建、修改和删除视图

【核心能力】

能够熟练运用 OEM 方式和命令方式管理视图。

【任务完成过程】

1. OEM 方式

1）视图管理页面

打开 Enterprise Manager 的管理界面，在"方案"下的"数据库对象"栏中单击"视图"超链接，打开"视图"界面，如图 7-7 所示。

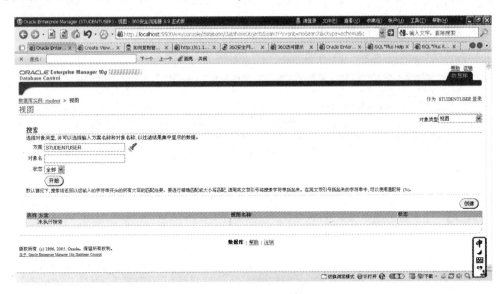

图 7-7　"视图"界面

单击"开始"按钮，可以在下面的表格中列出当前方案中所有的视图对象信息。在"对象名"文本框中输入要查询的视图名，单击"开始"按钮，可以查找指定的视图名。

2）创建视图

在"视图"界面中单击"创建"按钮，打开"创建视图"界面，如图 7-8 所示。

输入视图名称 v_student，所属方案为 STUDNETUSER。在创建视图时，最重要的内容是视图对应的 SQL 语句。这里需要通过查询从表 student 中获得 studentID（学号）、

Oracle数据库项目教程

图 7-8　"创建视图"界面

studentName（姓名）、address（住址）数据。代码如下：

```
SELECT "studentID","studentName","address" FROM "student"
```

输入后单击"确定"按钮保存。

在"视图"界面中可以看到刚刚创建的视图，如图 7-9 所示。

图 7-9　"视图"界面

用查询语句 SELECT * FROM v_student 得到如图 7-10 所示的结果。

3）修改视图

在"视图"界面中选中要修改的视图，单击"编辑"按钮，打开"编辑视图"界面，如图 7-11 所示。

144

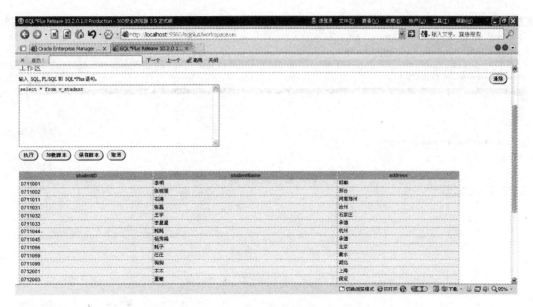

图 7-10　查询结果界面

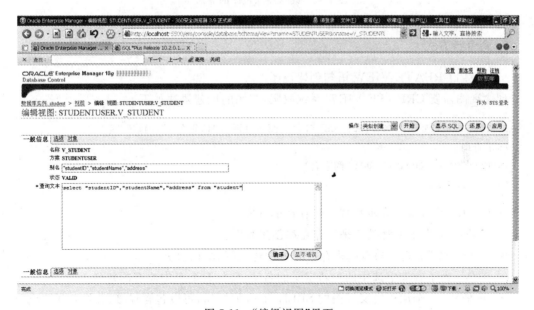

图 7-11　"编辑视图"界面

用户可以对视图中的查询文本进行修改,修改后,单击"确定"按钮保存。

4) 删除视图

对于不再使用的视图,应该及时删除。视图的删除不影响基表,不会丢失数据。用户可以在"视图"界面中单击"删除"按钮,打开确认删除视图的界面,单击"是"按钮删除视图,如图 7-12 所示。

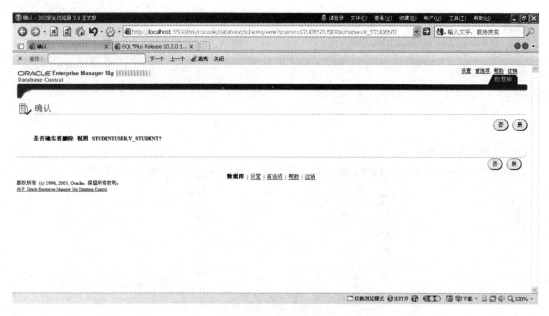

图 7-12 确认删除视图的界面

2. 命令行方式

可以使用 CREATE VIEW 语句创建视图。

创建视图需要 CREATE VIEW 系统权限,视图的创建语法如下:

```
CREATE [OR REPLACE] [FORCE|NOFORCE] VIEW 视图名[(别名1[,别名2...])]
AS 子查询
[WITH CHECK OPTION [CONSTRAINT 约束名]]
[WITH READ ONLY]
```

- OR REPLACE:表示替代已经存在的视图。
- FORCE:表示不管基表是否存在都创建视图。
- NOFORCE:表示只有基表存在时才创建视图,默认值。
- 别名:为子查询中选中的列新定义的名字,替代查询表中原有的列名。
- 子查询:一个用于定义视图的 SELECT 查询语句,可以包含连接、分组及子查询。
- WITH CHECK OPTION:表示进行视图的插入或修改时必须满足子查询的约束条件。后面的约束名是该约束条件的名字。
- WITH READ ONLY:表示视图是只读的。

1)创建视图

```
CREATE VIEW "STUDENTUSER"."V_STUDENT"
AS
select "studentID","studentName","address" from "student"
```

如图 7-13 所示。

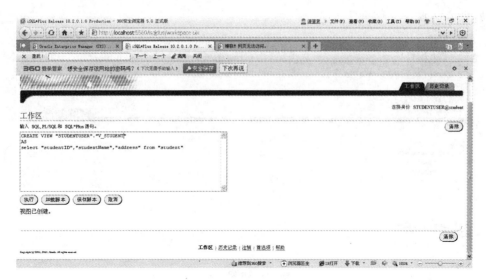

图 7-13　创建视图的界面

2）修改视图

用户可以通过在 CREATE VIEW 语句中增加 OR REPLACE 子句修改视图的定义。

```
Create or replace view V_STUDENT
AS
SELECT "studentID","studentName" FROM "student"
```

如图 7-14 所示。

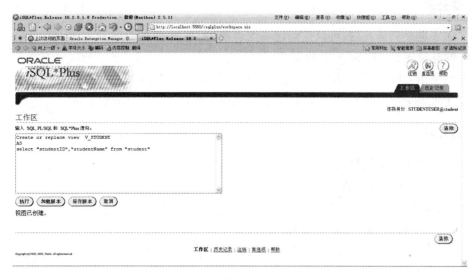

图 7-14　修改视图的界面

3）删除视图

删除视图的代码如下：

```
Drop view V_STUDENT;
```

如图 7-15 所示。

图 7-15　删除视图的界面

【课堂同步训练】

用命令方式创建 v_Class 视图，查询 SQL 语句为"SELECT"classID","className" FROM "Class""。

【习题】

1．填空题

(1) 如果定义只读视图，可以在创建视图时使用_____关键字。

(2) 删除视图的 PL/SQL 语句是_____。

(3) 在使用 CREATE INDEX 创建索引时，使用_____关键字可以创建位图索引。

(4) 如果表中某列的基数比较低，应该在该列上创建_____索引。

2．选择题

(1) 下列关于视图的描述正确的是(　　)。

　　A. 视图可以简化查询的书写

　　B. 视图可以限制对数据的访问

　　C. 让不同的用户看到不同的数据

　　D. 视图可以提高系统的性能

(2) 下列不属于视图优点的是(　　)。

　　A. 视点集中　　　　B. 简化操作　　　　C. 增强安全性　　　D. 数据物理独立

(3) 下列关于索引的描述不正确的是(　　)。

　　A. 在为表创建索引后，Oracle 优化器将根据具体情况决定是否采用索引

　　B. 表是否有索引不会影响所使用的 SQL 的编写形式

　　C. 为表创建索引后，所有的查询操作都会使用索引

　　D. 为表创建索引后，可以提高查询的执行速度

3．编程题

（1）创建 student 表的姓名列的唯一索引。

（2）在 SC 表中，ACHI 字段记录学生的成绩，若需要经常查看成绩大于 60 分的学生的学号（ID）、姓名（NAME），请创建一个视图。

实训　索引和视图的创建与管理

实训目的

（1）掌握索引的建立、修改、查看、删除操作。

（2）掌握视图的建立、查询、修改、删除操作。

实训要求

（1）记录执行命令和操作过程中遇到的问题和解决方法，对这些问题要弄懂，对问题涉及的知识要了解透彻。

（2）记录利用企业管理器管理索引、视图的方法。

（3）记录利用命令管理索引、视图的 SQL 语句。

实训内容

1．创建索引

（1）利用企业管理器为租赁合同表（Contract）的终止日期（Contract_stopdate）创建索引，并以降序排列，索引名为 Contract_stopdate _index。

（2）利用命令为客户基本信息表（User）的客户编号（User_num）、客户名称（User_name）、客户地址（User_addess）以客户编号（User_num）升序、客户名称（User_name）降序、客户地址（User_addess）降序排列，索引名为 user_info_index。

2．查看索引

（1）利用企业管理器查看 rent_user 方案下有几个隶属于该方案的索引，有几个系统创建的索引，有几个用户创建的索引。

（2）利用命令从 DBA_INDEXES 数据字典中查看员工医疗保险系统所有索引的信息。

（3）利用命令从 DBA_INDEXES 数据字典中查看 users_info_index 索引的信息，并查看该索引列的顺序及状态。

3．删除索引

（1）利用企业管理器删除 Contract_stopdate _index 索引。

（2）利用命令将 users_info_index 索引删除。

4．创建视图

（1）利用企业管理器为显示租赁信息创建视图，该视图中包括合同编号、工地地址、起始日期、终止日期、联系电话、客户名称、客户地址信息和所属人单位信息，视图名为 Contract _users_view。

（2）利用命令为实现租赁费用的功能创建视图，该视图中包括单据编号、客户名称、应收合计、实际收额和还欠金额，视图名为 Settlement_view。

（3）利用 SQL＊Plus 或 iSQL＊Plus 为建筑材料的特殊情况创建视图，该视图中包括客户名称、报停单号、赔偿单号、返还单号等信息，视图名为 Special_view。

（4）利用命令为租赁材料表（Rental material）创建视图，视图名为 Rental_material _view。

5．查看视图

（1）利用企业管理器查看 rent_user 方案下的视图。
（2）利用企业管理器查看 Contract _users_view 视图的信息。
（3）利用命令查看 Settlement_view 视图的子查询语句。
（4）利用命令显示 Rental_material _view 视图的信息。

6．视图数据的更新

（1）利用命令通过 Rental_material _view 视图向 Rental material 表插入一个记录，单据编号为"100000"、大类为"筑路机械"、规格为"BX-100"、租赁件数为"5"、还租件数为"2"、计价数量为"3"、日租金单价为"1000"。

（2）利用命令查看 Rental material 表是否有变化。

7．删除视图

（1）利用企业管理器删除 Contract _users_view 视图。
（2）利用企业管理器删除 Settlement_view 视图。
（3）利用 SQL＊Plus 或 iSQL＊Plus 删除 Special_view 视图。
（4）利用 SQL＊Plus 或 iSQL＊Plus 删除 Rental_material _view 视图。

常见问题分析

1．为表的主键创建索引发生错误

在创建数据表时，系统会自动为表的主键创建升序索引。如果用户再为该表的主键创建升序索引，那么就会出错；如果用户为该表的主键创建降序索引，那么该索引可以被创建。

2．视图中常见的问题

在创建一个视图之后，查看视图发现视图中有重复出现的列值，这时请查看视图连接中的 WHERE 条件是否正确。

项目 8

SQL编程语言
与数据查询

【教学导航】

	能力(技能)目标	知识目标	情感目标
教学目标	① 能够理解关系数据库中标准语言 SQL 的特点和基本概念; ② 能够理解和掌握与数据操纵有关的命令和操作	① 明白 SQL 语句; ② 掌握 SQL 操作语句; ③ 掌握 SQL 函数的应用	① 团队合作精神; ② 独立完成任务的能力
教学重点	SQL 中数据的查询、录入、更新、删除方法		
教学难点	SQL 中数据的查询、录入、更新、删除方法		
课时建议	16		
能力训练 任务及案例	项目 8.1 SQL 语言简介 项目 8.2 SQL 函数 项目 8.3 数据查询 　　任务 8-1 基本查询 　　任务 8-2 连接查询 　　任务 8-3 子查询		

　　信息管理主要是由关系型数据库管理系统(RDBMS)实现的,RDBMS 是从传统 DBMS 派生出来的。数据库与客户机/服务器或 Web 技术相结合在当今是很常见的模式,很多公司使用这种方式来管理数据,从而在相应的市场保持竞争力,也有很多公司从客户机/服务器模式转移到 Web 模式,从而避免用户在访问重要数据时受到地点的限制。

　　SQL 语言为我们对数据库开发和应用提供了强大的支持。掌握和运用今天它所拥有的技术是人们追求的目标,发展和制定它的未来标准和技术是世界上各大软件公司奋斗的目标,了解和跟踪它的轨迹是业内人士努力的方向。

项目 8.1　SQL 语言简介

SQL(Structured Query Language)是一种组织、管理和检索计算机数据库中存储数据的工具。SQL 是结构化查询语言,也是一种高级的非过程化编程语言,允许用户在高层数据结构上工作。通常用它与数据库交互,它不要求用户指定对数据的存放方法,也不需要用户了解具体的数据存放方式,所以具有完全不同底层结构的数据库系统可以使用 SQL 语言作为数据输入与管理接口。当需要从数据库中检索数据时,可以使用 SQL 语言做出请求。DBMS 会处理这个 SQL 请求,检索请求的数据并将它返回。它以记录集合作为操作对象,所有的 SQL 语句接受集合作为输入,返回集合作为输出。这种集合特性允许一条 SQL 语句的输出作为另一条 SQL 语句的输入,所以 SQL 语言可以嵌套,这使它具有极大的灵活性和强大的功能。在多数情况下,其他语言需要一大段程序实现的一个单独事件只需要一个 SQL 语句就可以达到目的,这也意味着用 SQL 语言可以写出功能非常强的语句。从数据库中请求数据并返回结果的过程称为数据库查询,这就是结构化语言名字的由来。

SQL 语言包含下面 4 个部分。

(1) DQL:数据查询语言(如 SELECT 语句),SQL 允许用户或应用程序从数据库中检索存储的数据并使用它。

(2) DML:数据操纵语言(如 INSERT、UPDATE、DELETE 语句),SQL 允许用户或应用程序通过添加新数据、删除旧数据和修改以前存储的数据对数据库进行更新。

(3) DDL:数据定义语言(如 CREATE、DROP 等语句),SQL 让用户定义存储数据的结构和组织,以及存储数据项之间的关系。

(4) DCL:数据控制语言(如 COMMIT、ROLLBACK 等语句),可以使用 SQL 来限制用户检索、添加和修改数据的能力,保护存储的数据不被未授权的用户所访问。

项目 8.2　SQL 函数

SQL 提供了大量的函数,其中包含数值型函数、字符型函数、日期型函数、转换函数和聚合函数。

1. 数值型函数

数值型函数也称数字函数,该类函数接受 number 类型的参数并返回 number 类型的数值。常用的数值型函数见表 8-1。

表 8-1　SQL 常用的数值型函数

函　数	描　述	案例	案例返回值
abs(n)	返回数字的绝对值	abs(-3)	3
cos(n)	返回 n 的余弦值	cos(1)	0.540302306
ceiling(n)	返回大于或等于 n 的最小整数值	ceiling(17.3)	18
floor(n)	返回小于或等于 n 的最大整数值	floor(17.3)	17

函　　数	描　　述	案例	案例返回值
sin(n)	返回 n 的正弦值,n 为弧度值	sin(5)	−0.95892427
tan(n)	返回 n 的正切值,n 为弧度	tan(0.9)	1.26015822
exp(n)	返回 e 的 n 次幂,e=2.71828183	exp(4)	54.59815003
log(n)	返回 n 的自然对数	log(3.1)	1.131402111
power(n1,n2)	返回 n1 的 n2 次方,其中 n1、n2 可以为任意数值	power(3,2)	9
sign(n)	如果 n<0,返回−1;如果 n>0,返回 1;如果 n=0,返回 0	sign(12)	1
sqrt(n)	返回 n 的平方根,n⩾0	sqrt(9)	2

2. 字符型函数

除 char 以外,字符型函数返回与输入类型相同的字符类型。返回的 char 类型值的长度不超过 255B,返回的 varchar2 类型的长度不超过 2000B,如果上述应返回的字符长度超出规定值,Oracle 并不会报错,而是直接截断至最大可支持长度返回。常用的字符型函数见表 8-2。

表 8-2　SQL 常用的字符型函数

函　　数	描　　述	案　　例	案例返回值
char(n)	返回指定数值在当前字符集中对应的字符,0⩽n⩽255	char(35)	♯
ASCII(c)	与 char 函数的用途刚好相反,本函数返回指定字符在当前字符集下对应的数值	ASCII("♯")	35
upper(c)	返回字符串 c 的大写形式	upper('china')	CHINA
lower(c)	返回字符串 c 的小写形式	lower('CHINA')	china
len(c)	返回字符串 c 的长	len('中华 miNZu')	9
ltrim(c)	删除字符串 c 的前导空格	ltrim('　　Hello,China!')	Hello,China!
rtrim(c)	删除字符串 c 最右侧的所有空格	rtrim('Hello,China!　　')	Hello,China!
substring(c,n1,n2)	在字符串 c 中,从第 n1 位置开始向后取 n2 个字符。	substring('Hello,China!',2,5)	ello
replace(c1, c2, c3)	用字符串 c3 替换所有在字符串 c1 中出现的字符串 c2。如果 c3 没有被指定,那么所有出现在字符 c1 中的 c2 字符串 c1 中的 c2 字符串都将被删除	replace('Hello,China!','l','i')	Heiio,China!

3. 日期型函数

日期和时间(DATATIME)存储的标准 SQL 数据类型有下面 3 种,常用的日期型函数见表 8-3。

- DATE:直接存储日期。DATE 的格式是 YYYY-MM-DD,范围是从 0001-01-01 到 9999-12-31。

- TIME：直接存储时间。DATE 的格式是 HH：MI：SS. nn…，范围是从 00：00：00…
  到 23：59：61.999…。
- TIMESTAMP：直接存储的日期和时间。TINESTAMP 的格式是 YYYY-MM-DD
  HH：MI：SS. nn…，范围是从 0001-01-01 00：00：00…到 9999-12-31 23：59：61.999…。

在日期函数中，除 months_between 函数返回数值外，其他函数都将返回日期。

表 8-3　SQL 常用的日期型函数

函数	描　　述	案例	案例返回值
dateadd(datepart, number,date)	将指定 number 时间间隔（有符号整数）与指定 date 的指定 datepart 相加后返回该 date	dateadd("month",3, '2014-8-5')	2014-11-05
datediff(datepart, date1,date2)	返回 date1 和 date2 之间的时间间隔	datediff("month", '2014-6-9', '2014-8-5')	2
day(date)	返回指定日期 date 的"日"部分的整数	day('2014-8-5')	5
month (date)	返回指定日期 date 的"月"部分的整数	month('2014-8-5')	8
year(date)	返回指定日期 date 的"年"部分的整数	year('2014-8-5')	2014

4. 转换函数

转换函数用于在数据类型之间进行转换。SQL 中常用的转换函数有以下 3 种：

1）将数值型数据转换为字符串数据

【命令格式】

```
to_char(n[,format])
```

【功能】将 number 类型的数据转换为一个 varchar 类型的数据。

【参数说明】

format 为格式参数。如果没有指定 format，那么结果字符串包含与 n 中有效位的个数相同的字符。如果是负数，则在前面加上一个减号。

例如：to_char(365.1)的结果为'365.1'.

2）将日期型数据转换为字符串数据

日期描述由格式元素组成，用于以期望的格式从数据库提取日期和时间信息。日期描述并不是在所有现实里都存在。

如果不使用日期描述和某种转换函数，日期和时间信息是以默认格式从数据库中提取的，例如：

```
1999 - 12 - 31
31 - DEC - 99
1999 - 12 - 31　23：59：01.11　…
```

如果想以下面的方式显示日期，应该怎么办呢？

```
December  31,1997
```

这时不得不把日期从 DATETIME 模式转化为字符串,这是由一些专用函数完成的。

下面的表 8-4 展示了很多现实里使用的常见日期元素,它们可以帮助我们从数据库中获取适当的日期时间信息。

表 8-4　常见日期元素

语法	日 期 元 素	语法	日 期 元 素
AD	公元	Mon	月份的 3 个字母缩写(比如 Jan)
AM	正午以前	mon	月份的 3 个字母缩写(比如 jan)
BC	公元前	MONTH	月份的拼写(比如 JANUARY)
CC	世纪	Month	月份的拼写(比如 January)
D	星期中的第几天	month	月份的拼写(比如 january)
DD	月份中的第几天	PM	正午之后
DDD	年中的第几天	qq	季度数
DAY	拼写出来的周日(比如 MONDAY)	RR	两位数字表示的年份
Day	拼写出来的周日(比如 Monday)	SS	秒数
day	拼写出来的周日(比如 monday)	SSSSS	自午夜起累计的秒数
DY	周日的 3 个字母缩写(比如 MON)	SYYYY	以符号数表示的年份,比如公元前 500 年就表示－500
Dy	周日的 3 个字母缩写(比如 Mon)	W	月里的第几星期
dy	周日的 3 个字母缩写(比如 mon)	WW	年里的第几星期
HH	小时	Y	年份的最后一位数字
HH12	小时	YY	年份的最后两位数字
HH24	小时(24 小时制)	YYY	年份的最后 3 位数字
J	自公元前 4713 年 12 月 31 日起至今的日子	YYYY	年份
MI	分钟数	YEAR	拼写出来的年份(比如 NINETEEN-SEVENTY-SIX)
MM	月份中的第几天	Year	拼写出来的年份(比如 Nineteen-Seventy-Six)
MON	月份的 3 个字母缩写(比如 JAN)	year	拼写出来的年份(比如 nineteen-seventy-six)

【命令格式】

```
to_char(d[,format])
```

【功能】将日期类型的数据转换为一个 varchar 类型的数据。

【参数说明】

对于日期,SQL 提供了许多不同的日期格式,用户可以用它们的组合来表示最终的输出格式。SQL 的日期格式见表 8-5。

表 8-5　SQL 的日期格式

日期格式元素	说　　明	日期格式元素	说　　明
d	本周的星期几(1~7)	q	本年的第几个季度
dd	当月的第几天(1~31)	ss	秒(0~59)
ddd	当年的第几天(1~366)	ww	当年的第几个星期(1~53)
iyyy	基于 ISO 标准的 4 位年份	w	当月的第几个星期(1~5)
hh 或 hh12	时(1~12)	year 或 syear	年份的名称,将公元前的年份加负号
hh24	时(1~24)	yyyy	4 位的年份
mi	分(1~59)	yyy、yy、y	年份的最后 3、2、1 位数据
mm	月(1~12)		

例如,设当前系统日期为 2014 年 11 月 22 日下午 8:00,则 to_char(sysdate,'yyyy"年""mm"月"dd"日",mm"月份的第"W"个星期,当前时间为"hh24"时"'),结果为"2014 年 11 月 22 日,11 月份的第 4 个星期,当前时间为 20 时"。

3) 将字符串数据转换为日期型数据

【命令格式】

to_date(c,[format])

【功能】将 char 或 varchar 类型的数据转换为一个 date 类型的数据。

【参数说明】参考表 8-5。

例如:to_date('2014-06-29','dd-mm-yy')的结果为"29-06-14"。

5. 聚合函数

聚合函数也称为分组函数,是从一组记录中返回汇总信息。SQL 中常用的聚合函数见表 8-6。

表 8-6　SQL 中常用的聚合函数

函　　数	描　　述	函　　数	描　　述
avg(col)	返回指定列数值的平均值	min(col)	返回指定列数值的最小值
count(*)	行的总数	max(col)	返回指定列数值的最大值
count(col)	指定列非空数值的行数	sum(col)	返回指定列数值的所有值的和

项目8.3　数据查询

任务 8-1　基本查询

表 8-7 所示为本任务的任务卡。

表 8-7　任务卡

任务编号	8-1	任务名称	基本查询
计划课时	4	所属项目名称	SQL 编程语言与数据查询
任务重点	使用命令方式完成基本查询		
任务难点	使用命令方式完成基本查询		
教学方法	任务驱动法、分组讨论法、案例教学法		
任务描述	根据用户需求进行数据查询		

【核心能力】

能熟练应用命令语句完成数据的基本查询操作。

【任务完成过程】

1. 什么是查询

查询是使用 SELECT 语句对数据库进行探究。我们利用查询根据需要从数据库中以一种可理解的格式提取数据。举例来说,假设有一个雇员表,就可以利用 SQL 语句返回哪个雇员得到最高的薪水。这种获取有用信息的请求是关系型数据库中典型的查询操作。

SELECT 语句代表了 SQL 中的数据查询语言(DQL),是构成数据库查询的基本语句。它并不是一个单独的语句,也就是说,为了构成一个在语法上正确的查询,需要一个或多个条件子句(元素)。除了必要的子句以外,还有其他一些可选的子句可以增强 SELECT 语句的整体功能。SELECT 语句绝对是 SQL 中功能最强大的语句。FROM 子句是一条必要的子句,必须总是与 SELECT 联合使用。

其格式如下:

```
SELECT[[ALL|DISTINCT]<显示列表项>|*]
FROM <数据来源项>
[WHERE <条件表达式>]
[GROUP BY<分组选项>[HAVING<组条件表达式>]]
[ORDER BY <排序选项>[ASE|DESC]];
```

SELECT 语句中的下面 4 个关键字(或称为子句)是最有价值的:

* SELECT:SELECT 语句与 FROM 子句联合使用,以一种有组织的、可读的方式从数据库中提取数据。查询中的 SELECT 部分用于指定需要表中哪些字段的数据。
* FROM:FROM 子句必须与 SELECT 语句联合使用,它是任何查询的必要元素,其作用是告诉数据库从哪些表中获取所需的数据。它可以指定一个或多个表,但必须至少指定一个表。
* WHERE:查询中的条件指定了要返回满足什么标准的信息,条件的值是 TRUE 或 FALSE,从而限制查询中获取的数据。WHERE 子句用于给查询添加条件,从而去除用户不需要的数据。WHERE 子句中可以有多个条件,它们之间以操作符 AND 或 OR 连接。
* ORDER BY:ORDER BY 子句能够以用户指定的列表格式对查询结果进行排列,默认次序是升序。如果对输出为字符的结果进行排序,就是从 A 到 Z 的次序;反之,降序就是以从 Z 到 A 的次序显示字符结果。

利用一个简单的查询就可以了解表中记录的数量,或是某个字段中值的数量,统计工作是由函数 COUNT 完成的。

2. 简单查询的范例

下面的内容基于前面介绍的概念展示了查询的一些范例,在此使用雇员表。

(1) 从表中选择全部记录,显示全部字段指定的字段:

```
SELECT * FROM 雇员表;
```

(2) 从表中选择全部记录,显示指定的字段:

```
SELECT 编号
FROM 雇员表;
```

(3) 从表中选择全部记录,显示多个字段:

```
SELECT 编号,姓名
FROM 雇员表;
```

(4) 显示满足指定条件的函数数据:

```
SELECT 编号, 姓名
FROM 雇员表
WHERE 编号 = '333333333';
```

(5) 显示满足指定条件的数据,对输出结果进行排序:

```
SELECT 编号,姓名
FROM 雇员表
WHERE 所在城市 = '石家庄'
ORDER BY 编号;
```

(6) 显示满足指定条件的数据,根据多个字段进行排序,其中一个字段是降序:

```
SELECT 编号,姓名
FROM 雇员表
WHERE 所在城市 = '石家庄'
ORDER BY 编号,姓名 DESC;
```

(7) 显示满足指定条件的数据,利用整数代替字段名来表示要排序的字段:

```
SELECT 编号, 姓名
FROM 雇员表
WHERE 所在城市 = '石家庄'
ORDER BY 1;
```

(8) 显示满足指定条件的数据,利用整数指定要排序的多个字段。字段的排列次序与它们在 SELECT 之后的次序并不相同。

```
SELECT 编号, 姓名
FROM 雇员表
WHERE 所在城市 = '石家庄'
ORDER BY 2,1;
```

【课堂同步训练】

1．课堂同步训练的任务描述

（1）查询"学生基本信息表"中所有学生的全部信息。
（2）查询"学生基本信息表"中所有学生的学号、姓名和家庭住址信息。
（3）查询"学生基本信息表"中所有不重复的班级信息。
（4）查询"学生基本信息表"中班级编码为"20070101"的学生的全部信息。
（5）查询"学生基本信息表"中班级编码为"20070101"的女生的全部信息。
（6）查询"学生基本信息表"中所有姓"王"的学生的全部信息。
（7）查询"学生基本信息表"中所有班级编码为"20070102"和"20070201"的学生的学号、姓名、性别和家庭住址信息。
（8）查询"学生基本信息表"中所有学生的信息，并按照姓名升序排序。
（9）查询"学生基本信息表"中所有学生人数的信息。

2．同步训练的效果展示

使用 DBA 用户"SYSTEM"登录 iSQL＊Plus，分别输入图 8-1～图 8-9 中所示的命令即可。
（1）对应的命令如图 8-1 所示。

图 8-1 查询所有学生的全部信息

（2）对应的命令如图 8-2 所示。
（3）对应的命令如图 8-3 所示。
（4）对应的命令如图 8-4 所示。
（5）对应的命令如图 8-5 所示。
（6）对应的命令如图 8-6 所示。

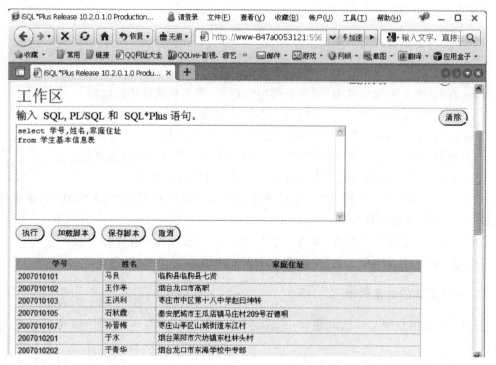

图 8-2 查询所有学生的学号、姓名和家庭住址信息

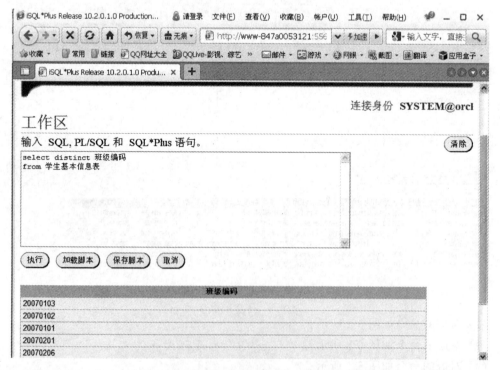

图 8-3 查询所有不重复的班级信息

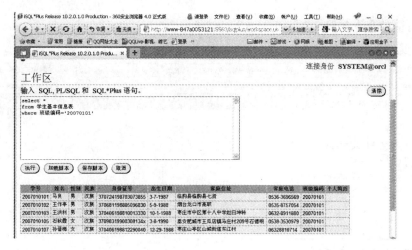

图 8-4 查询班级编码为"20070101"的学生的全部信息

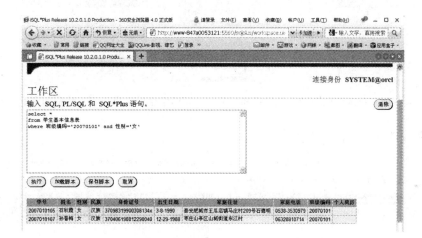

图 8-5 查询班级编码为"20070101"的女生的全部信息

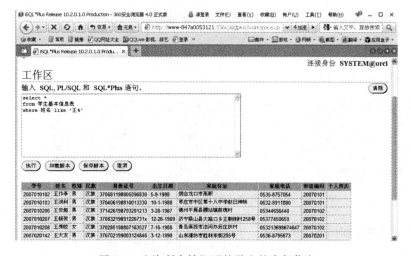

图 8-6 查询所有姓"王"的学生的全部信息

（7）对应的命令如图8-7所示。

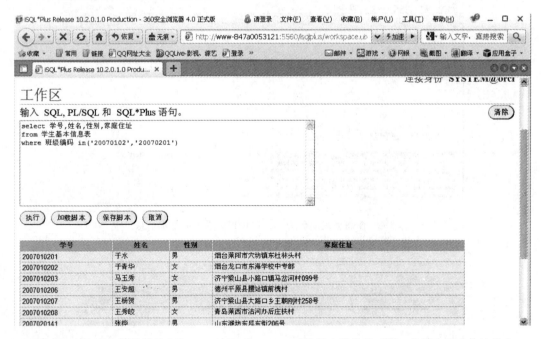

图8-7　查询所有班级编码为"20070102"和"20070201"的学生的学号、姓名、性别和家庭住址信息

（8）对应的命令如图8-8所示。

图8-8　查询所有学生的信息，并按照姓名升序排序

（9）对应的命令如图8-9所示。

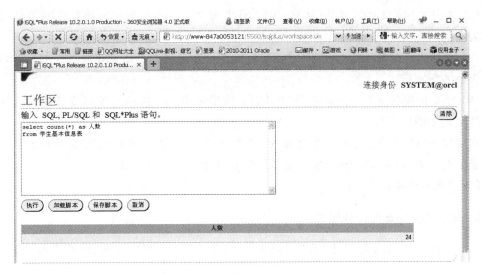

图 8-9　查询所有学生人数的信息

任务 8-2　连接查询

表 8-8 所示为本任务的任务卡。

表 8-8　任务卡

任务编号	8-2	任务名称	连接查询
计划课时	4	所属项目名称	SQL 编程语言与数据查询
任务重点	使用命令方式完成连接查询		
任务难点	使用命令方式完成连接查询		
教学方法	任务驱动法、分组讨论法、案例教学法		
任务描述	根据用户需求进行数据查询		

【核心能力】

能熟练应用命令语句完成数据的连接查询操作。

【任务完成过程】

实际上,能够从多个表中选择数据是 SQL 最强大的功能之一,如果没有这种功能,关系型数据库的很多操作就无法实现了。有时单表查询就可以得到有用的信息,但在现实生活中,最实用的查询是从数据库的多个表中获取数据。

连接就是把两个或多个表连接在一起获取数据。表的连接有两种方式,一种方式是使用比较运算符给出连接条件对表进行连接,另一种方式是使用 JOIN 关键字进行连接。

在使用比较运算符进行表的连接时,需要注意 SQL 语句中的 SELECT、FROM 和 WHERE 子句是必要的。通常,要连接的表列在 FROM 子句里,而连接是在 WHERE 子句里完成的。多个操作符可以用于连接表,例如 =、<、>、<>、<=、>=、!=、BETWEEN、LIKE 和 NOT,其中最常用的是等号。

JOIN 关键字进行表的连接主要包含两种形式,即内连接和外连接。内连接(INNER JOIN)按照 ON 指定的连接条件合并两个表,并返回满足条件的行。外连接包括以下 3 种类型。

（1）左外连接（LEFT OUTER JOIN）：结果表中除了包括满足连接条件的行外，还包括左表中的所有行。

（2）右外连接（RIGHT OUTER JOIN）：结果表中除了包括满足连接条件的行外，还包括右表中的所有行。

（3）完全外连接（FULL OUTER JOIN）：结果表中除了包括满足连接条件的行外，还包括两个表中的所有行。

在使用 JOIN 关键字进行表的连接时，需要注意 SQL 语句中的 SELECT 和 FROM 子句是必要的。通常，要连接的表和连接都是在 FROM 子句中完成的。

【课堂同步训练】

1．课堂同步训练的任务描述

（1）查询"学生基本信息表"和"班级表"中所有学生的学号、姓名、班级名称和班主任信息。

（2）使用内连接关键字查询"学生基本信息表"和"班级表"中所有学生的学号、姓名、班级名称和班主任信息。

（3）使用左外连接关键字查询"学生基本信息表"和"班级表"中所有学生的学号、姓名、班级名称和班主任信息。

（4）使用右外连接关键字查询"学生基本信息表"和"班级表"中所有学生的学号、姓名、班级名称和班主任信息。

（5）使用完全外连接关键字查询"学生基本信息表"和"班级表"中所有学生的学号、姓名、班级名称和班主任信息。

2．同步训练的效果展示

使用 DBA 用户 SYSTEM 登录 iSQL＊Plus，分别输入图 8-10～图 8-14 中所示的命令即可。

（1）对应的命令如图 8-10 所示。

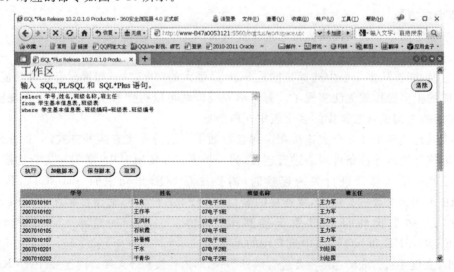

图 8-10　查询"学生基本信息表"和"班级表"中所有学生的学号、姓名、班级名称和班主任信息

（2）对应的命令如图 8-11 所示。

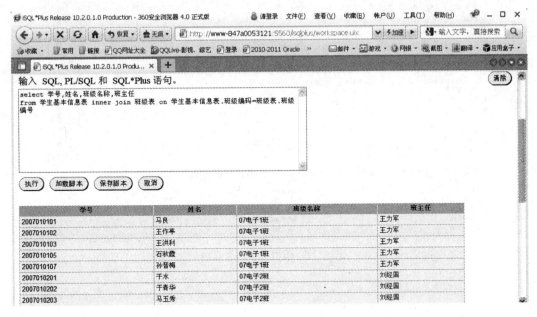

图 8-11　使用内连接查询

（3）对应的命令如图 8-12 所示。

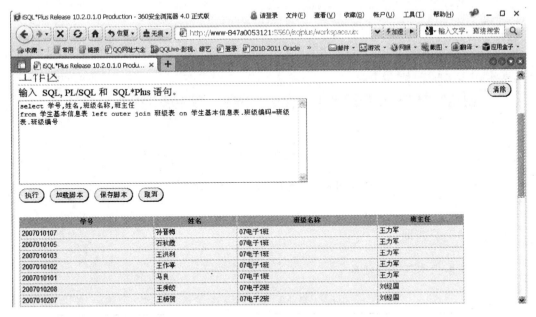

图 8-12　使用左外连接查询

（4）对应的命令如图 8-13 所示。

（5）对应的命令如图 8-14 所示。

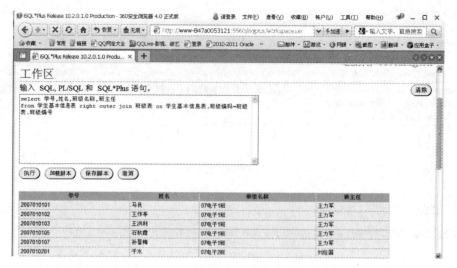

图 8-13　使用右外连接查询

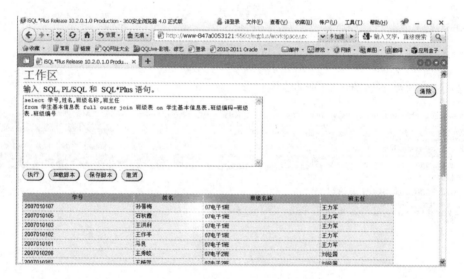

图 8-14　使用完全外连接查询

任务 8-3　子查询

表 8-9 所示为本任务的任务卡。

表 8-9　任务卡

任务编号	8-3	任务名称	子查询
计划课时	4	所属项目名称	SQL 编程语言与数据查询
任务重点	使用命令方式完成子查询		
任务难点	使用命令方式完成子查询		
教学方法	任务驱动法、分组讨论法、案例教学法		
任务描述	根据用户需求进行数据查询		

【核心能力】

能熟练应用命令语句完成数据的子查询操作。

【任务完成过程】

子查询也被称为嵌套查询,是位于另一个查询的 WHERE 子句里的查询,它返回的数据通常在主查询里作为一个条件,从而进一步限制数据库返回的数据。它可以用于 SELECT、INSERT、UPDATE 和 DELETE 语句。

在某些情况下,子查询能够间接地基于一个或多个条件把多个表中的数据关联起来,从而代替连接操作。当在查询中使用子查询时,子查询首先被执行,然后主查询根据子查询返回的结果执行。子查询的结果用于在主查询的 WHERE 子句中处理表达式,逻辑和关系操作符(如=、>、<、<>、!=、IN、NOT IN、AND、OR)都可以用于子查询。

子查询的基本语法如下:

```
SELECT 字段列表
FROM 数据源
WHERE 字段名 逻辑或关系操作符（SELECT 字段名
                        FROM 数据源
                        WHERE 条件表达式）
```

【课堂同步训练】

1．课堂同步训练的任务描述

(1) 查询学生"马良"所在的系别名称信息。
(2) 查询学生"王作亭"和"于水"所在班的班级名称和班主任信息。
(3) 查询班主任教师"刘经国"和"马丽丽"所在系部的系主任和办公电话信息。

2．同步训练的效果展示

使用 DBA 用户 SYSTEM 登录 iSQL＊Plus,分别输入图 8-15～图 8-17 中所示的命令即可。

(1) 对应的命令如图 8-15 所示。

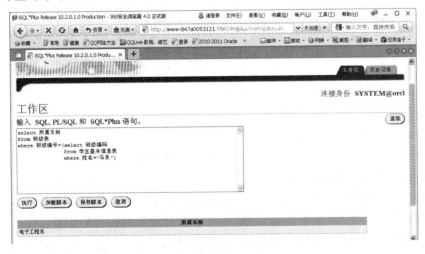

图 8-15　查询学生"马良"所在的系别名称信息

（2）对应的命令如图 8-16 所示。

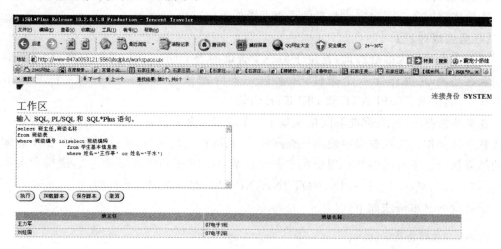

图 8-16　查询学生"王作亭"和"于水"所在班的班级名称和班主任信息

（3）对应的命令如图 8-17 所示。

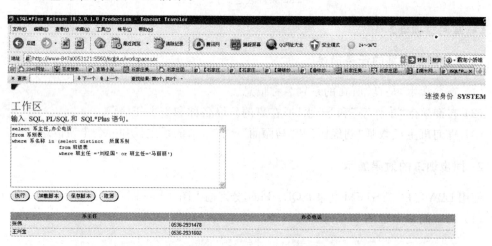

图 8-17　查询班主任教师"刘经国"和"马丽丽"所在系部的系主任和办公电话信息

【习题】

（1）查询全体学生的学号、姓名、所在系。

（2）查询全体学生的详细信息。

（3）查询软件工程系全体学生的名单。

（4）查询所有年龄在 20 岁以下的学生的姓名以及年龄。

（5）查询考试成绩不及格的学生的学号。

（6）查询年龄在 20～25 岁（包括 20、25）之间的学生的姓名、系别和年龄。

（7）查询不在信息系、数学系也不在软件工程系的学生的姓名和性别。

（8）查询所有姓"张"的学生的姓名、学号和性别。

（9）查询软件工程系的年龄在 20 岁或 20 岁以下的学生的姓名。

（10）查询选修了 A0002 号课程的学生的学号及其成绩,查询结果按分数的降序排列。

（11）查询全体学生的情况,结果按所在系的升序排列,同一系的按分数的降序排列。

（12）统计学生的总人数。

（13）查询选修了课程的学生的人数。

（14）计算 A0001 号课程的学生的平均成绩。

（15）查询选修了 A0001 号课程的学生的最高成绩。

（16）求各课程号及相应的选课人数。

（17）查询选修了 3 门以上课程的学生的学号。

（18）查询每个学生及其选修课程的情况。

（19）查询选修了 C0003 号课程且成绩在 90 分以上的所有学生。

（20）查询每个学生的学号、姓名及选修的课程名和成绩。

（21）查询所有选修了 C0003 号课程的学生的姓名。

（22）查询选修了课程名为"数据库"的学生的学号和姓名。

实训　SQL 编程语言

实训目的

（1）能够理解和掌握数据操纵的有关命令和操作。

（2）掌握 SQL 操作语句。

（3）掌握 SQL 函数的应用。

实训要求

（1）记录执行命令和操作过程中遇到的问题及解决方法,注意从原理上解释原因。

（2）记录利用 iSQL * Plus 管理表数据的方法。

（3）记录利用 iSQL * Plus 管理表数据的命令。

实训内容

1．查询表数据

（1）查询客户的基本信息。

（2）查询客户编号和姓名,要求输出表头为客户编号、姓名,而且在客户编号和姓名之间增加空格和"客户的"3 个汉字。

（3）查询每种商品的租金情况。

（4）查询每位客户的租赁合同情况,显示客户类型、编号和租赁相关信息。

（5）查询杂费的项目。

（6）查询每位客户的租赁材料的信息。

（7）查看姓"李"的客户的基本信息。

（8）查询租借信息,并按照租借日期由早到晚排序。

(9) 查询还租件数大于 20 的租赁材料的信息。

(10) 查询 30 天之内的出租信息。

(11) 查询近 30 天需要还租的客户的信息。

(12) 查询所有的结算信息。

(13) 查询 4 月份的结算信息。

(14) 查询每个单位的收付信息。

(15) 查询今年以来的报停信息。

(16) 查询需要赔偿的信息,并按照丢赔件数由大到小排序。

(17) 查询 5 月份每个单据上需要返还的件数。

(18) 查询 5 月份总共需要返还的件数。

(19) 查询各建筑材料的代号和规格。

(20) 按客户编号分组统计各客户的出租和借租信息。

(21) 统计每位客户需要交付的金额,并按金额数从大到小进行排序。

(22) 按日期分组统计各单位的收付金额和经办人。

(23) 查询合同编号以"10"开头的合同的出租信息。

(24) 查询从今年 2 月份以来每个合同上的丢赔件数。

(25) 查询从今年 2 月份以来丢失赔偿的总金额。

(26) 查询所有合同上的租借信息。

(27) 查询每位客户的每个合同上的租借信息。

2. 插入表数据

(1) 向建筑材料租赁系统的每个表中插入记录。记录插入数据过程中遇到的问题及解决方法,注意体会各种约束对插入数据的影响和表数据的插入顺序。

(2) 创建客户信息表 2,向表中插入 6 条不同的记录,注意与客户基本信息表中的数据必须不同,执行下面的操作:

- 用多行数据插入的方法将客户信息表 2 中的数据插入到客户基本信息表,观察执行的结果。
- 将命令再执行一次,观察执行的结果,分析产生错误的原因。

(3) 使用表间数据复制的方法创建客户信息表 3,将全部字段的值复制到客户信息表 3,查看客户信息表 3 的内容,体会表间数据复制的含义。

(4) 使用表间数据复制的方法创建客户信息表 4,将部分字段的值复制到客户信息表 4,查看客户信息表 4 的内容,比较客户信息表 3 和客户信息表 4 中数据的不同,进一步体会表间数据复制的含义。

3. 修改表数据

(1) 将租金基本信息表的日租金减少 0.5 元。

(2) 将杂费优惠 10%。

(3) 将"王世华"用户的联系电话改为 19985856903。

4．删除表数据

（1）删除某客户编号的客户信息，看能否成功。查看客户信息表数据，从原理上解释原因，同时记录数据删除过程中遇到的问题及解决方法，注意体会外键约束数据删除方式对删除数据的影响。

（2）删除某出租表的信息，看能否成功。查看出租表数据，从原理上解释原因，同时记录数据删除过程中遇到的问题及解决方法，注意体会外键约束数据删除方式对删除数据的影响。

（3）永久删除客户信息表2，看能否成功。查看客户信息表2的数据，从原理上解释原因，同时记录删除过程中遇到的问题及解决方法，注意体会外键约束数据删除方式对删除数据的影响。

（4）删除结算中开始日在3月份以前的所有数据。

（5）删除杂费表中的所有数据。

（6）删除超过20天的报停信息。

（7）删除地址在河北省以外的所有客户的信息。

常见问题分析

1．整个 SELECT 语句的执行过程

（1）读取 FROM 子句中的基本表、视图的数据，执行笛卡儿积操作。

（2）选取满足 WHERE 子句中给出的条件表达式的元组。

（3）按 GROUP 子句中指定的属性列的值分组，同时提取满足 HAVING 子句中组条件表达式的元组。

（4）按 SELECT 子句中给出的属性列或列表达式求值输出。

（5）用 ORDER 子句对输出的结果进行排序，按 ASC 升序排列或按 DESC 降序排列。

2．在查看数据字典信息时，SELECT 命令正确，却查不到数据

虽然 Oracle 的命令是不区分大小写的，但查看 Oracle 系统数据字典信息时所有的字母均需大写，即便是用户定义的表名。例如：

正确的命令是：

```
SELECT *
FROM  DBA_TABLES
WHERE TABLE_NAME = 'STAFF';
```

错误的命令是：

```
SELECT *
FROM  DBA_TABLES
WHERE TABLE_NAME = 'staff';
```

3．整个 SELECT 语句的执行过程

（1）读取 FROM 子句中基本表、视图的数据，执行笛卡儿积操作。

（2）选取满足 WHERE 子句中给出的条件表达式的元组。

（3）按 GROUP 子句中指定的属性列的值分组，同时提取满足 HAVING 子句中组条件表达式的那些元组。

（4）按 SELECT 子句中给出的属性列或列表达式求值输出。

（5）ORDER 子句对输出的结果进行排序，按 ASC 升序排列或 DESC 降序排列。

4．一个分组功能可能涉及几个关系的查询，按下列步骤进行

（1）求出 FROM 子句和 WHERE 子句蕴含的关系 R，即关系 R 是 FROM 子句中关系的笛卡儿积，再对这个关系应用 WHERE 子句中的条件进行选择。

（2）按照 GROUP BY 子句中的属性对 R 中的元组进行分组。

（3）根据 SELECT 子句中的属性和聚集产生结果。

5．分组查询时，出现"不是 GROUP BY 表达式"错误

分组查询时，显示列表项中只能出现分组字段和利用聚集函数得到的统计结果，例如：

```
SELECT  User_type, User_number,User_name,count(User_number)
FROM 客户基本信息表
GROUP BY User_type
```

在显示列表项中出现非分组信息 User_number，这时就会提示"不是 GROUP BY 表达式"的错误信息，解决方法是在显示列表项中删除非分组、非聚集信息，正确的命令为：

```
SELECT  User_type, count(User_number)
FROM 客户基本信息表
GROUP BY User_type
```

6．多表查询时出现结果不正确

多表查询时，必须带 WHERE 子句，因为多表查询时必须带表间连接条件，即外键关联条件。如果没有外键关联条件，那么查询的结果为多表间的笛卡儿积运算，而关系是笛卡儿积的子集，因此要想得到正确的多表查询结果，必须写明表间的外键关联条件。

项目 9

Oracle存储过程
和触发器

【教学导航】

	能力(技能)目标	知识目标	情感目标
教学目标	① 能够熟练掌握存储过程的操作方法； ② 能够熟练掌握触发器的操作方法	① 掌握利用 SQL 语句实现存储过程的操作； ② 掌握利用 SQL 语句实现触发器的操作	① 团队合作精神； ② 独立完成任务的能力
教学重点	存储过程、触发器的操作方法		
教学难点	存储过程、触发器的操作方法		
课时建议	8		
能力训练 任务及案例	项目 9.1　存储过程 　　任务 9-1　存储过程的创建 　　任务 9-2　存储过程的执行 　　任务 9-3　存储过程的维护 项目 9.2　触发器 　　任务 9-4　触发器的创建 　　任务 9-5　触发器的维护		

在大型数据库系统中,存储过程和触发器具有很重要的作用。无论是存储过程还是触发器,都是 SQL 语句和流程控制语句的集合。就本质而言,触发器也是一种存储过程。存储过程在运算时生成执行方式,所以,以后对其运行时其执行速度很快。

项目 9.1　存储过程

任务 9-1　存储过程的创建

表 9-1 所示为本任务的任务卡。

Oracle数据库项目教程

表 9-1　任务卡

任务编号	9-1	任务名称	存储过程的创建
计划课时	2	所属项目名称	Oracle 存储过程和触发器
任务重点	使用命令方式创建存储过程		
任务难点	使用命令方式创建存储过程		
教学方法	任务驱动法、分组讨论法、案例教学法		
任务描述	根据用户需求创建存储过程		

【核心能力】

能熟练应用命令语句完成存储过程的创建。

【任务完成过程】

存储过程是为了完成某种特定功能而编写的命名的 PL/SQL 程序块,它为创建和存储高度结构化的、可重用的模块代码提供了一种手段。它存储在数据库中,属于数据库的一部分。

利用存储过程不仅可以使程序代码简洁、规范,在提高代码重用性的同时还能极大地改善操作性能,提高程序的执行效率。

以命令行方式创建存储过程的方法是在 SQL＊Plus 或 iSQL＊Plus 中使用 CREATE PROCEDURE 命令创建存储过程,创建存储过程的语法如下:

```
CREATE PROCEDURE[<方案名>.]<存储过程名>
    [(<参数 1> IN | OUT | IN OUT <数据类型>),
    (<参数 2> IN | OUT | IN OUT <数据类型>)]
{ IS | AS }
        [说明部分]
BEGIN
    语句序列;
    [exception 异常处理]
END;
```

其中:

(1) PROCEDURE 为创建存储过程的关键字。

(2) 存储过程中可以没有参数,也可以有参数,还可以有多个参数。如果有参数,那么参数说明部分要在最前面,用括号括起来。如果有多个参数,那么参数之间用“,”分隔。参数类型有 3 种,即 IN、OUT 和 IN OUT。若没有为参数指定类型,则默认是 IN 类型。

① IN 表示输入参数,用于从外部(调用环境)向过程内部传递值,在过程内部不能给 IN 参数赋值,它是只读的。在调用过程时,可以用常量、变量、表达式给这种参数传递值,这种参数也可以有默认值。

② OUT 表示输出参数,用于从过程内返回值给过程的调用者。在过程内部不能使用 OUT 参数,只能给它赋值,且必须赋值。在调用过程时,要使用变量代替这种参数,不能用常量或表达式。

③ IN OUT 表示输入/输出参数,是前两者的结合,既可以从外部(调用环境)向过程内传递值,也可以将改变后的值从过程内返回给过程的调用者。和 OUT 参数一样,在调用过

174

程时,要使用变量代替这种参数,不能使用常量或表达式,这种参数也可以有默认值。

(3) 关键字 IS 和 AS 的含义一样,两者选择其一。

【课堂同步训练】

1. 课堂同步训练的任务描述

(1) 创建存储过程 pro_studentStatistics,输入一个字,统计在"学生基本信息表"中以该字为姓的学生的人数。

(2) 创建存储过程 pro_ studentInfo,通过学号查看某学生的姓名和性别。

2. 同步训练的效果展示

使用 DBA 用户 SYSTEM 登录 iSQL * Plus,分别输入图 9-1 和图 9-2 中所示的命令即可。

(1) 如图 9-1 所示。

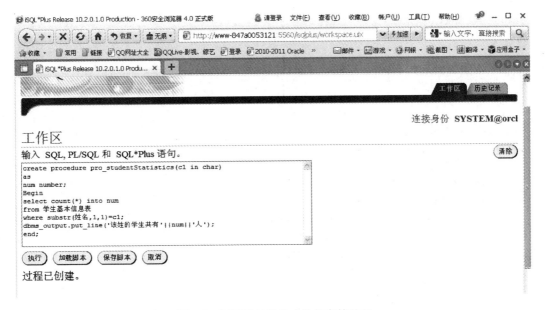

图 9-1　创建统计学生人数的存储过程

图 9-1 中的代码如下:

```
create procedure pro_studentStatistics(c1 in char)
as
num number;
Begin
select count( * ) INTO num
from 学生基本信息表
where substr(姓名,1,1) = c1;
dbms_output.put_line('该姓的学生共有'||num||'人');
end;
```

（2）如图 9-2 所示。

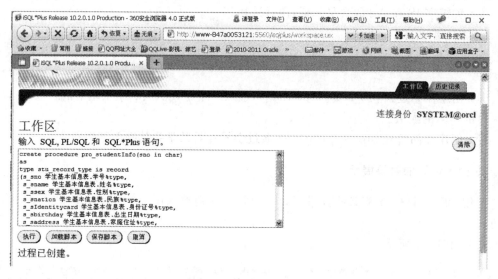

图 9-2　创建查看学生姓名和性别的存储过程

图 9-2 中的代码如下：

```
create procedure pro_studentInfo(sno IN char)
as
type stu_record_type is record
(s_sno 学生基本信息表.学号 % type,
 s_sname 学生基本信息表.姓名 % type,
 s_ssex 学生基本信息表.性别 % type,
 s_snation 学生基本信息表.民族 % type,
 s_sIdentitycard 学生基本信息表.身份证号 % type,
 s_sbirthday 学生基本信息表.出生日期 % type,
 s_saddress 学生基本信息表.家庭住址 % type,
 s_sphone 学生基本信息表.家庭电话 % type,
 s_sclassnum 学生基本信息表.班级编码 % type,
 s_sresume 学生基本信息表.个人简历 % type
);
p1_student stu_record_type;
begin
select * into p1_student
from 学生基本信息表
where 学号 = sno;
dbms_output.put_line('该学生的姓名为: '||p1_student.s_sname||'性别为: '||p1_student.s_
ssex);
end;
```

任务 9-2　存储过程的执行

表 9-2 所示为本任务的任务卡。

表 9-2　任务卡

任务编号	9-2	任务名称	存储过程的执行
计划课时	1	所属项目名称	Oracle 存储过程和触发器
任务重点	使用命令方式执行存储过程		
任务难点	使用命令方式执行存储过程		
教学方法	任务驱动法、分组讨论法、案例教学法		
任务描述	根据用户需求执行存储过程		

【核心能力】

能熟练应用命令语句执行存储过程。

【任务完成过程】

在创建的存储过程通过编译之后,就可以从 SQL＊Plus 环境中调用它了,也可以从某一个具体应用中调用它,在调用时必须传递相应的参数,要求实际参数与形式参数保持次序、类型及个数一致。

调用的语法格式如下:

<过程名>(<实际参数 1 >,<实际参数 2 >, …)

【课堂同步训练】

1. 课堂同步训练的任务描述

执行存储过程 pro_studentStatistics,统计姓王的学生的人数。

2. 同步训练的效果展示

使用 DBA 用户 SYSTEM 登录 iSQL＊Plus,输入图 9-3 中所示的命令即可。

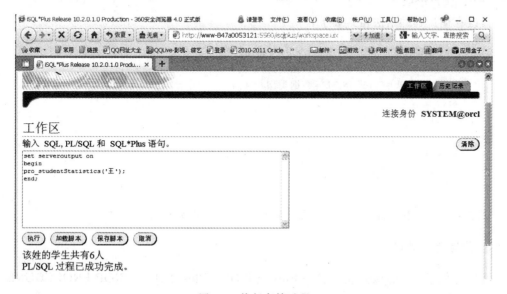

图 9-3　执行存储过程

任务 9-3　存储过程的维护

表 9-3 所示为本任务的任务卡。

表 9-3　任务卡

任务编号	9-3	任务名称	存储过程的维护
计划课时	1	所属项目名称	Oracle 存储过程和触发器
任务重点	使用命令方式维护存储过程		
任务难点	使用命令方式维护存储过程		
教学方法	任务驱动法、分组讨论法、案例教学法		
任务描述	根据用户需求进行存储过程的维护		

【核心能力】

能熟练应用命令语句完成存储过程的维护操作。

【任务完成过程】

存储过程的维护包括查看存储过程、修改存储过程和删除存储过程。

1. 存储过程的查看

存储过程创建成功后,存储过程的信息存储在数据字典 DBA_SOURCE 中,可以使用 DESC、SELECT 命令来查看存储在 DBA_SOURCE 中的存储过程信息。

2. 修改存储过程

修改存储过程的方法是在 SQL * Plus 或 iSQL * Plus 中,在创建存储过程命令中增加 OR REPLACE 选项。

修改存储过程的语法格式如下:

```
CREATE OR REPLACE PROCEDURE[<方案名>. ]<存储过程名>
    [(<参数 1 > IN | OUT | IN OUT <数据类型>),
    (<参数 2 > IN | OUT | IN OUT <数据类型>, … )]
{ IS | AS}
  [说明部分]
BEGIN
    语句序列;
    [exception 异常处理]
END;
```

注意:存储过程创建完成后,只允许修改存储过程体及参数。

3. 删除存储过程

删除存储过程的方法是在 SQL * Plus 或 iSQL * Plus 中使用 DROP PROCEDURE 命令删除,删除存储过程的一般格式如下:

```
DROP PROCEDURE [<方案名>. ]<存储过程名>;
```

【课堂同步训练】

1. 课堂同步训练的任务描述

（1）分别使用 DESC 命令和 SELECT 命令查看与存储过程 pro_ studentStatistics 相关的信息。

（2）修改存储过程 pro_ studentInfo，通过学号查看某学生的姓名、性别、家庭住址和家庭电话。

（3）删除存储过程 pro_ studentInfo。

2. 同步训练的效果展示

使用 DBA 用户 SYSTEM 登录 iSQL＊Plus，分别输入图 9-4～图 9-7 中所示的命令即可。

（1）如图 9-4 和图 9-5 所示。

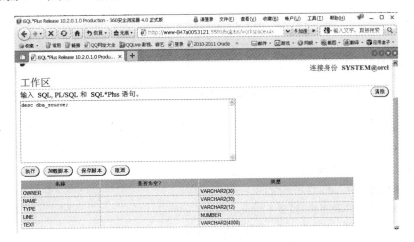

图 9-4　使用 DESC 命令查看存储过程

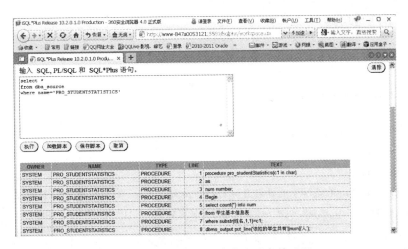

图 9-5　使用 SELECT 命令查看存储过程

(2) 如图 9-6 所示。

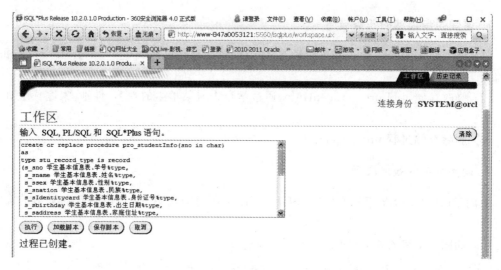

图 9-6 修改存储过程

图 9-6 中的代码如下：

```
create or replace procedure pro_studentInfo(sno in char)
as
type stu_record_type is record
(s_sno 学生基本信息表.学号 % type,
 s_sname 学生基本信息表.姓名 % type,
 s_ssex 学生基本信息表.性别 % type,
 s_snation 学生基本信息表.民族 % type,
 s_sIdentitycard 学生基本信息表.身份证号 % type,
 s_sbirthday 学生基本信息表.出生日期 % type,
 s_saddress 学生基本信息表.家庭住址 % type,
 s_sphone 学生基本信息表.家庭电话 % type,
 s_sclassnum 学生基本信息表.班级编码 % type,
 s_sresume 学生基本信息表.个人简历 % type
);
p1_student stu_record_type;
begin
select * into p1_student
from 学生基本信息表
where 学号 = sno;
dbms_output.put_line('该学生的姓名为：'||p1_student.s_sname||'性别为：'||p1_student.s_ssex
||'家庭住址为：'||p1_student.s_saddress||'家庭电话为：'||p1_student.s_sphone);
end;
```

(3) 如图 9-7 所示。

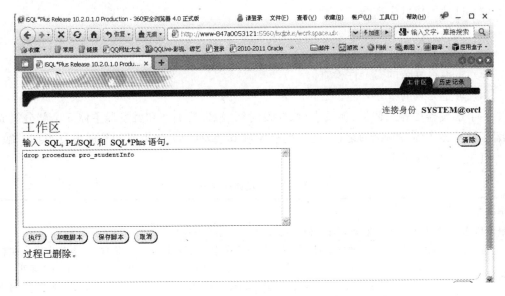

图 9-7　删除存储过程

项目9.2　触发器

任务 9-4　触发器的创建

表 9-4 所示为本任务的任务卡。

表 9-4　任务卡

任务编号	9-4	任务名称	触发器的创建
计划课时	2	所属项目名称	Oracle 存储过程和触发器
任务重点	使用命令方式创建触发器		
任务难点	使用命令方式创建触发器		
教学方法	任务驱动法、分组讨论法、案例教学法		
任务描述	根据用户的实际情况创建触发器		

【核心能力】

能熟练应用命令语句完成创建触发器的操作。

【任务完成过程】

触发器是一种特殊的存储过程,当特定对象上的特定事件出现时将自动触发执行的代码块。触发器具有更精细、更复杂的数据控制能力。触发器与过程的区别在于:过程要由用户或应用程序显式调用,而触发器是满足特定事件时在数据库后台自动执行,并且触发器不能接受任何参数。触发器的应用主要在安全性、数据跟踪、数据完整性和数据复制等方面。

数据库触发器具有以下功能:

(1) 实现复杂的数据完整性规则。

（2）自动生成派生数据。

（3）提供审计和日志记录。

（4）启用复杂的业务逻辑。

（5）实施更复杂的安全性检查。

（6）防止无效的事务处理。

一个触发器由触发依据、触发事件、触发时间、触发器类型和触发器主体 5 个部分组成。在编写触发器主体（源代码）之前，必须先确定好其触发依据、触发时间和触发器类型。触发器的组成如表 9-5 所示。

表 9-5　触发器的组成

组成部分	说　　明
触发依据	触发器的触发依据共有 4 种，即表、视图、方案和数据库
触发事件	触发依据决定了触发事件，针对不同的触发依据有不同的触发事件，在表和视图上执行 DML 操作会引发插入（INSERT）事件、更新（UPDATE）事件和删除（DELETE）事件；在方案和数据库中执行 DDL 操作会引发相应的 DDL 事件（如 CREATE、ALTER 等）；另外还有数据库系统事件（启动、退出等）和用户事件（用户登录、注销等）
触发时间	触发器的触发时间有两种，即 BEFORE（触发事件发生之前）、AFTER（触发事件发生之后）
触发器类型	触发器分为语句级触发器和行级触发器两种，主要区别在于触发器触发的次数不同，语句级触发器只被触发一次，而行级触发器可以被触发多次
触发器主体	完成的 PL/SQL 块

在 SQL * Plus 或 iSQL * Plus 中使用 CREATE TRIGGER 命令创建触发器。

基本语法格式如下：

```
CREATE TRIGGER [<方案名>.] <触发器名>
BEFORE|AFTER<触发事件>[OF <字段列表>]ON<表名>
[FOR EACH ROW[WHEN <触发条件>]]
<触发体>
```

• 触发器名是触发器对象的名称。

• BEFORE 和 AFTER 是触发时间，指明触发器何时执行。BEFORE 表示在数据库动作之前触发器执行；AFTER 表示在数据库动作之后触发器执行。

• 触发事件有 INSERT、UPDATE 和 DELETE。INSERT 表示数据库插入会触发此触发器；UPDATE 表示数据库修改会触发此触发器；DELETE 表示数据库删除会触发此触发器。

• OR EACH ROW 表示逐行触发。

【课堂同步训练】

1. 课堂同步训练的任务描述

创建触发器 tri_ beforedelete，该触发器将在删除"学生基本信息表副本"表中的数据行之前触发触发器，并输出提示信息。

2．同步训练的效果展示

使用 DBA 用户 SYSTEM 登录 iSQL＊Plus，输入图 9-8 中所示的命令即可。

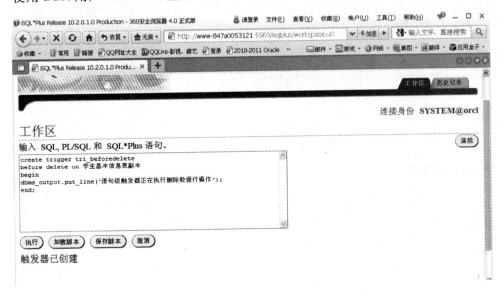

图 9-8　创建触发器

任务 9-5　触发器的维护

表 9-6 所示为本任务的任务卡。

表 9-6　任务卡

任务编号	9-5	任务名称	触发器的维护
计划课时	2	所属项目名称	Oracle 存储过程和触发器
任务重点	使用命令方式维护触发器		
任务难点	使用命令方式维护触发器		
教学方法	任务驱动法、分组讨论法、案例教学法		
任务描述	根据用户的实际情况维护触发器		

【核心能力】

能熟练应用命令语句完成触发器的维护操作。

【任务完成过程】

触发器的维护包括查看触发器、修改触发器和删除触发器。

1．触发器的查看

触发器创建成功后，存储过程的信息存储在数据字典 DBA_SOURCE 中，可以使用 DESC、SELECT 命令查看存储在 DBA_TRIGGERS 中的触发器信息。

2．修改触发器

修改触发器的方法是在 SQL＊Plus 或 iSQL＊Plus 中，在创建触发器命令中增加 OR REPLACE 选项。

修改触发器的语法格式如下：

```
CREATE   OR REPLACE TRIGGER[<方案名>.]<触发器名>
BEFORE|AFTER<触发事件>[OF<字段列表>]ON<表名>
[FOR EACH ROW[WHEN<触发条件>]]
<触发体>
```

其参数说明与创建触发器的参数说明相同。

3．删除触发器

删除触发器的方法是在 SQL＊Plus 或 iSQL＊Plus 中使用 DROP TRIGGER 命令删除，删除触发器的一般格式如下：

```
DROP TRIGGER [<方案名>.]<触发器名>;
```

【课堂同步训练】

1．课堂同步训练的任务描述

（1）分别使用 DESC 命令和 SELECT 命令查看触发器 tri_ beforedelete 的相关信息。
（2）修改触发器 tri_ beforedelete，使其变为行级触发器。
（3）删除触发器 tri_ beforedelete。

2．同步训练的效果展示

使用 DBA 用户 SYSTEM 登录 iSQL＊Plus，分别输入图 9-9～图 9-12 中所示的命令即可。

（1）如图 9-9 和图 9-10 所示。

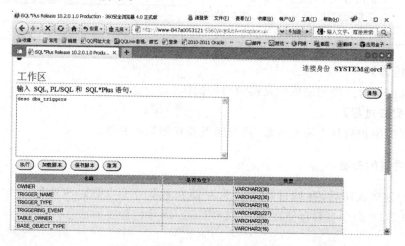

图 9-9　使用 DESC 命令查看触发器

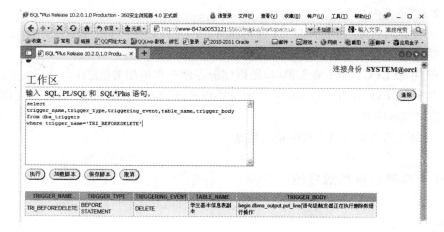

图 9-10 使用 SELECT 命令查看触发器

（2）如图 9-11 所示。

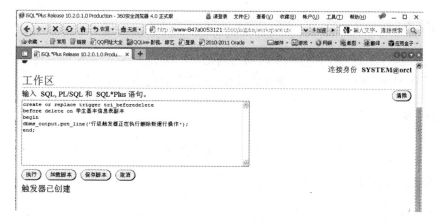

图 9-11 修改触发器

（3）如图 9-12 所示。

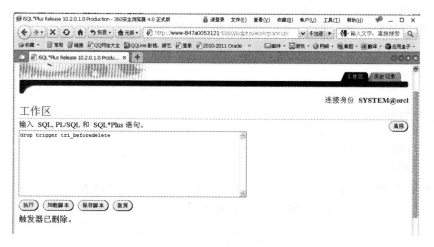

图 9-12 删除触发器

【习题】

(1) 创建存储过程,通过输入一个年龄统计相同年龄的学生的人数。

(2) 执行上题所创建的存储过程,统计 20 岁的学生的人数。

(3) 使用 SELECT 命令查看第(1)题创建的存储过程的相关信息。

(4) 创建触发器 tri_beforeinsert,该触发器将在向 student 表中添加数据行之前触发触发器,并输出提示信息。

(5) 查询上述创建的触发器的相关信息。

实训　存储过程和触发器

实训目的

(1) 掌握存储过程和触发器高级数据库对象的基本作用。

(2) 掌握存储过程和触发器的建立、修改、查看、删除操作。

实训要求

(1) 记录执行命令和操作过程中遇到的问题及解决方法,注意从原理上解释原因。

(2) 记录利用 iSQL＊Plus 管理存储过程、触发器的命令。

实训内容

下列任务中涉及的数据表是建筑材料租赁系统给出的表。

1．创建存储过程

(1) 创建存储过程 pro_userStatistics,通过输入一个字,统计在"客户基本信息表"中以该字为姓的客户的人数。

(2) 创建存储过程 pro_userInfo,通过客户编号查看客户的租赁合同信息。

2．查看存储过程

(1) 分别使用 DESC 命令和 SELECT 命令查看存储过程 pro_userStatistics 的相关信息。

(2) 分别使用 DESC 命令和 SELECT 命令查看存储过程 pro_userInfo 的相关信息。

3．修改存储过程

(1) 修改存储过程 pro_userStatistics,查看某客户的客户编号、客户名称、客户地址、联系人和联系电话。

(2) 修改存储过程 pro_ userInfo,通过客户编号查看某客户的客户编号、客户名称、合同编号、起始日期、终止日期、计租方式、价格标准、联系人和联系电话。

4．删除存储过程

（1）删除存储过程 pro_userStatistics。
（2）删除存储过程 pro_ userInfo。

5．创建触发器

（1）创建触发器 tri_ beforedelete,该触发器将在删除"客户基本信息表副本"表中的数据行之前触发触发器,并输出提示信息。
（2）创建触发器 tri_ beforeinsert,该触发器将在向"建筑材料基本信息表"表中添加数据行之前触发触发器,并输出提示信息。

6．查看触发器

（1）分别使用 DESC 命令和 SELECT 命令查看触发器 tri_ beforedelete 的信息。
（2）分别使用 DESC 命令和 SELECT 命令查看触发器 tri_ beforeinsert 的信息。

7．修改触发器

（1）修改触发器 tri_ beforedelete,使其变为行级触发器。
（2）修改触发器 tri_ beforeinsert,使其变为行级触发器。

8．删除触发器

（1）删除触发器 tri_ beforedelete。
（2）删除触发器 tri_ beforeinsert。

常见问题分析

1．创建或修改存储过程/函数时出现"名称已由现有对象使用",创建或修改触发器时出现触发器"XXX"已经存在
数据库中已存在同名对象,修改数据库对象名称或在 CREATE 关键字后加上 OR REPLACE 即可。

2．利用存储过程/触发器增强参照完整性约束

参照完整性是指若两个表之间具有父子关系,当删除父表数据时,必须确保相关的子表数据已经被删除；当修改父表的主键列数据时,必须确保相关子表数据已经被修改。为了实现级联删除,可以在定义外键约束时指定 ON DELETE CASCADE 关键字,或是创建存储过程/触发器完成,但使用约束却不能实现级联更新,此时需要使用存储过程/触发器增强参照完整性约束。如果在级联更新的同时又想接收参数,那么只能使用存储过程了。

3．建立存储过程的主要优越性

（1）提高效率：在客户机/服务器体系结构中,客户机应用向数据库服务器提出对 SQL

的需求,随着用户数量的增加,SQL 请求也会不断增加,使网络很快成为运行的瓶颈。使用存储过程可以使运行性能得到显著的改进,因为对存储过程的一个调用,即调用了在服务器中执行的多个 SQL 语句,从而减少了网络的拥挤。

(2) 可重用性:一个 SQL 程序只需编写一次,即可用于各种地方。

(3) 可移植性:可在任何 Oracle 数据库中使用存储过程,而不用考虑平台问题。

(4) 可维护性:一个存储过程用于完成一个特定的任务,如数据库触发器等需要调用该过程的地方均调用同一个存储过程,这样可降低软件维护的成本。

4. 设计触发器时要考虑全面

设计触发器时,不仅要考虑完成什么任务,而且必须考虑是何时发生的。在 SQL. FORMS 中,要注意触发器的级别、工作范围、上下文环境这三者的关系。相同的一条触发器命令,在不同的类型、不同的级别、不同的执行时间所产生的效果是不一样的。

5. 语句触发器的创建与执行

语句触发器是在表上或者某些情况下的视图上执行的特定语句或者语句组上的触发器,能够与 INSERT、UPDATE、DELETE 或者组合进行关联。但是无论使用什么样的组合,各个语句触发器只会针对指定语句激活一次。例如,无论 UPDATE 多少行,也只会调用一次 UPDATE 语句触发器。

6. 如何在 Oracle 中实现类似自动增加 ID 的功能

Oracle 本身并未提供像 Access 中的自动编号类型,但同样可以实现类似自动增加 ID 的功能,即字段值自动增长并自动插入到字段中,这时需要借助序列和触发器共同实现。

例如,鲜花信息表中有两个字段"序号"和"名称",分别记录序号和鲜花的名称,第一个字段值随着第二个字段值的插入自动按顺序添加并插入。

```
CREATE TABLE flower
( 序号 VARCHAR2(10) PRIMARY KEY,
  名称 VARCHAR2(10)
);
```

(1) 创建一个序列"序号":

```
CREATE SEQUENCE 序号
INCREMENT BY 1
START WITH 1 MAXVALUE 9999 MINVALUE 1
NOCYCLE
    CACHE 20
ORDER;
```

(2) 创建一个触发器:

```
CREATE TRIGGER flower _tri
BEFORE INSERT ON flower
FOR EACH ROW
BEGIN
```

```
    SELECT TO_CHAR(序号.nextval) INTO :NEW. 序号 FROM DUAL;
//将序列的下一个取值存储到 flower 表中的"名称"字段,DUAL 为系统表
END;
```

（3）查看 flower 表中的现有记录：

```
SELECT * FROM  flower;
```

（4）插入新记录后再查看 flower 表中的现有记录：

```
INSERT INTO flower（名称）VALUES('康乃馨');
SELECT * FROM flower;
```

数据库系统安全管理

【教学导航】

	能力(技能)目标	知识目标	情感目标
教学目标	① 能够对用户进行管理; ② 能够对角色进行管理; ③ 能够对概要文件进行管理	① 明白用户的含义; ② 明白角色的含义; ③ 明白概要文件	① 团队合作精神; ② 站在用户角度考虑问题的思想; ③ 独立完成任务的能力
教学重点	用户、角色、概要文件的创建和管理		
教学难点	用户、角色、概要文件的管理		
课时建议	4		
能力训练 任务及案例	项目 10.1　用户的管理 　任务 10-1　创建用户 　任务 10-2　管理用户 项目 10.2　角色的管理 　任务 10-3　创建角色 　任务 10-4　管理角色 项目 10.3　概要文件的管理 　任务 10-5　创建概要文件 　任务 10-6　为用户分配概要文件		

项目 10.1　用户的管理

要想访问 Oracle 数据库系统,必须以合法的用户名和口令(密码)登录,以保证 Oracle 数据库系统的安全性。

为了防止非授权的数据库用户使用,Oracle 提供了 3 种确认方法,即操作系统确认、Oracle 数据库确认和网络服务确认。

由操作系统鉴定用户的优点如下:

(1) 用户能更快、更方便地连入数据库。

(2) 通过操作系统对用户身份确认进行集中控制,如果操作系统与数据库用户信息一致,那么Oracle无须存储和管理用户名以及密码。

(3)用户进入数据库和操作系统的审计信息一致。

任务10-1 创建用户

表10-1所示为本任务的任务卡。

表 10-1 任务卡

任务编号	10-1	任务名称	创建用户
计划课时	0.5	所属项目名称	数据库系统安全管理
任务重点	① 用户的创建; ② 用户的管理		
任务难点	用户的管理		
教学方法	任务驱动法、分组讨论法、三步训练法、案例教学法		
任务描述	根据用户的情况选择合适的用户,并进行管理		

【核心能力】

能够熟练运用OEM方式和CREATE语句创建用户。

【任务完成过程】

1. OEM方式

(1)使用DBA用户SYSTEM登录到OEM,单击"管理"下的"用户"超链接,进入"用户"界面,如图10-1所示。

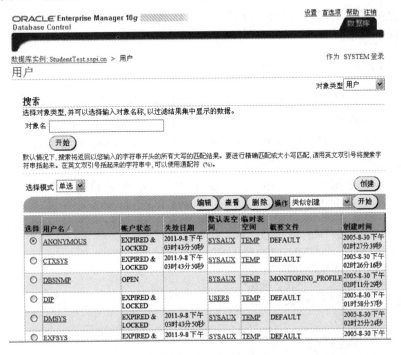

图 10-1 "用户"界面

(2) 在"用户"界面中单击"创建"按钮,即可进入创建用户的"一般信息"选项卡,如图 10-2 所示。

图 10-2 "一般信息"选项卡

设置"名称"为 USER,口令自己设置,将"默认表空间"设为 STUDENTINFO、将"临时表空间"设为 TEMP。

2. 命令行方式

使用 CREATE USER 语句可以创建一个新的数据库用户,执行该语句的用户必须具有 CREATE USER 系统权限。

在创建用户时必须指定用户的认证方式,一般会通过 Oracle 数据库对用户身份进行验证,即采用数据库认证方式。在这种情况下,创建用户时必须为新用户指定一个口令,口令以加密方式保存在数据库中。当用户连接数据库时,Oracle 从数据库中提取口令对用户的身份进行验证。具体创建语句如下:

```
CREATE USER <用户名> PROFILE <概要文件名>
IDENTIFIED BY <口令>|EXTERNALLY|GLOBALLY AS <全局标志>
DEFAULT TABLESPACE <表空间名>
TEMPORARY TABLESPACE TEMP <表空间名>
QUOTA <整数>|UNLIMITED ON <表空间名>
ACCOUNT UNLOCK|LOCK;
```

说明:

• USER:表示用户关键字。

- PROFILE：为用户指定一个概要文件。如果没有为用户显式地指定概要文件，Oracle 将自动为它指定 DEFAULT 概要文件。
- IDENTIFIED BY：为用户设置口令，EXTERNALLY 表示外部验证，GLOBALLY AS 表示全局验证。
- DEFAULT TABLESPACE：表示指定默认表空间。如果没有指定默认表空间，Oracle 会把 SYSTEM 表空间作为用户的默认表空间。
- TEMPORARY TABLESPACE：为用户指定临时表空间。
- QUOTA：表示为用户在默认表空间中分配的空间配额。
- ACCOUNT UNLOCK | LOCK：表示指定账号是否锁定，默认为 ACCOUNT UNLOCK。

3. 为用户授权

在建立新用户之后，通常需要使用 GRANT 语句为它授予 CREATE SESSION 系统权限，使它具有连接到数据库中的能力，或为新用户直接授予 Oracle 中预定义的 CONNECT 角色。

命令格式如下：

```
GRANT<系统级权限>|<角色>|<对象级权限>|[ ON <对象名>]
[,<系统级权限>|<角色>|<对象级权限>|[ ON <对象名>]…]TO<用户名>
[WITH ADMIN OPTION|WITH GRANT OPTION];
```

说明：
- GRANT：授权关键字。
- WITH ADMIN OPTION：表示管理选项，与系统级权限和角色对应。
- WITH GRANT OPTION：表示授权选项，与对象级权限对应。

使用 DBA 用户 SYSTEM 登录到 iSQL ∗ Plus，输入如图 10-3 所示的命令行，单击"执行"按钮。

图 10-3 以命令行方式创建用户

【课堂同步训练】

1. 课堂同步训练的任务描述

（1）使用命令行方式创建用户 ANOTHERUSER。

（2）创建角色 LIUZC，执行数据库验证方式。

2. 同步训练的效果展示

（1）如图 10-4 所示。

图 10-4　效果展示

（2）命令代码如下：

```
CREATE USER LIUZC IDENTIFIED BY 123456
```

任务 10-2　管理用户

表 10-2 所示为本任务的任务卡。

表 10-2　任务卡

任务编号	10-2	任务名称	管理用户
计划课时	0.5	所属项目名称	数据库系统安全管理
任务重点	用户的查看、修改与删除		
任务难点	用户的修改与删除		
教学方法	任务驱动法、分组讨论法、三步训练法、案例教学法		
任务描述	对任务 10-1 中建立的用户进行修改、删除等操作		

【核心能力】

能够熟练地修改、删除用户。

【任务完成过程】

1. 查看/修改用户

1) OEM 方式

在图 10-5 所示的界面中选中要查看/修改的用户,单击"查看"或"编辑"按钮即可。

图 10-5 管理用户

2) 命令行方式

(1) 查看用户。

格式 1:

DESC <数据字典 DBA_USERS>;(查看数据字典中的参数信息)

格式 2:

SELECT <数据字典字段列表> FROM <数据字典 DBA_USERS>
[WHERE expression];(查看用户的存储信息)

例如查看当前用户信息,如图 10-6 所示。

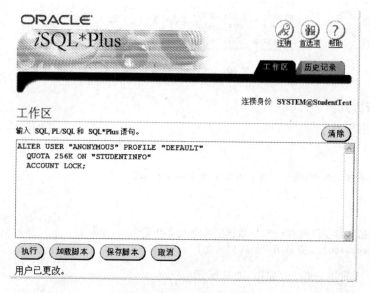

图 10-6　查看当前用户信息

（2）修改用户。

```
ALTER USER <用户名> RPOFILE <概要文件名>
IDENTIFIED BY <口令> | EXTERNALLY | GLOBALLY AS <全局标志>
DEFAULT TABLESPACE <表空间名>
TIMPORAY TABLESPACE <表空间名>
QUOTA <整数> | UNLIMITED ON <表空间名>
ACCOUNT UNLOCK | LOCK;
```

使用下面的语句可以修改用户 USER 的认证方式、默认表空间、锁定账户，如图 10-7
所示。

```
ALTER USER "ANONYMOUS" PROFILE "DEFAULT"
   QUOTA 256K ON "STUDENTINFO"
   ACCOUNT LOCK;
```

图 10-7　对用户进行修改

ALTER USER 语句经常被用来修改用户自己的口令,任何用户都可以使用 ALTER USER...IDENTIFIED BY 语句修改自己的口令,且不需要具有任何其他权限。但是,如果要修改其他用户的口令,则必须具有 ALTER USER 系统权限。

DBA 还会经常使用 ALTER USER 语句锁定或解锁用户账户,如图 10-8 所示。

```
ALTER USERANONYMOUS ACCOUNT LOCK;
ALTER USERANONYMOUS ACCOUNT UNLOCK;
```

图 10-8 解锁账户

2．删除用户

1) OEM 方式

在图 10-5 所示的界面中选中准备删除的用户名,单击"删除"按钮即可。

2) 命令行方式

使用 DROP USER 语句可以删除已有的用户,执行该语句的用户必须具有 DROP USER 系统权限。例如:

```
DROP USER tempuser CASCADE
```

如果用户当前正在连接数据库,则不能删除这个用户。如果要删除已连接的用户,首先必须使用 ALTER SYSTEM...KILL SESSION 语句终止其会话,然后再使用 DROP USER 语句删除。

如果要删除的用户模式中包含模式对象,必须在 DROP USER 子句中指定 CASCADE 关键字,否则 Oracle 将返回错误信息。例如删除用户 SCOTT,如图 10-9 所示。

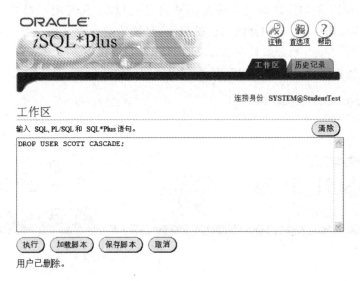

图 10-9　删除账户

【课堂同步训练】

1. 课堂同步训练的任务描述

（1）修改用户 MDDATA 的密码为 MDDATA888，并锁定该用户。

（2）查看当前数据库中所有以 MD 开头的用户的详细资料并按用户名降序排列。

2. 同步训练的效果展示

（1）如图 10-10 所示，命令代码如下：

```
ALTER USER MDDATA IDENTIFIED BY MDDATA888 ACCOUNT LOCK;
```

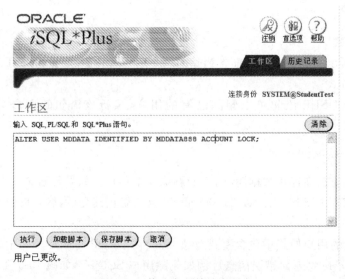

图 10-10　修改密码并锁定用户

（2）如图 10-11 所示，命令代码如下：

SELECT * FROM ALL_USERS WHERE USERNAME LIKE 'MD %' ORDER BY USERNAME DESC;

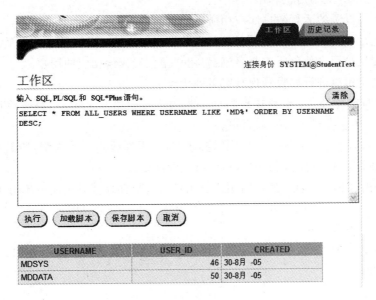

图 10-11 查看用户资料并排序

项目 10.2 角色的管理

1. 权限

权限是执行一种特殊类型的 SQL 语句或存取另一用户的对象的权力，共有两类权限，即系统权限和对象权限。

（1）系统权限：执行一种特殊动作或者在对象类型上执行一种特殊动作的权利。

系统权限可授权给用户或角色，一般系统权限只授予管理人员和应用开发人员，终端用户不需要这些相关功能。

（2）对象权限：在指定的表、视图、序列、过程、函数或包上执行特殊动作的权利。

2. 角色

可以将相关权限授权给用户和角色。数据库角色包含下列功能：

（1）一个角色可授予系统权限或对象权限。

（2）一个角色可授权给其他角色，但不能循环授权。

（3）任何角色可授权给任何数据库用户。

（4）授权给用户的每一个角色可以是可用的或者不可用的。一个用户的安全域仅包含当前对该用户可用的全部角色的权限。

（5）一个间接授权角色对用户而言可显式地使其可用或不可用。

在一个数据库中，每一个角色名必须唯一。角色名与用户不同，角色不包含在任何模式

中,所以建立角色的用户被删除时不影响该角色。

一般情况下,建立角色服务有两个目的,即为数据库应用管理权限和为用户组管理权限,相应的角色称为应用角色和用户角色。

应用角色是授予的运行数据库应用所需的全部权限。

用户角色是为具有公开权限需求的一组数据库用户建立的。用户权限管理是将受应用角色或权限授权给用户角色所控制,然后将用户角色授权给相应的用户。

Oracle 利用角色进行权限管理具有下列优点。

(1)减少权限管理:不要显式地将同一权限组授权给几个用户,只需将该权限组授权给角色,然后将角色授权给每一个用户。

(2)动态权限管理:如果一组权限需要改变,只需修改角色的权限,所有授权给该角色的全部用户的安全域将自动地反映对角色所做的修改。

(3)权限的选择可用性:授权给用户的角色可选择性地使其可用或不可用。

(4)应用可知性:当用户经用户名执行应用时,该数据库应用可查询字典,将自动地选择使角色可用或不可用。

(5)应用安全性:角色使用可由口令保护,应用可提供正确的口令使用角色,如不知其口令,不能使用角色。

任务 10-3　创建角色

表 10-3 所示为本任务的任务卡。

表 10-3　任务卡

任务编号	10-3	任务名称	创建角色
计划课时	0.5	所属项目名称	数据库系统安全管理
任务重点	创建角色		
任务难点	角色的创建		
教学方法	任务驱动法、分组讨论法、三步训练法、案例教学法		
任务描述	根据用户的情况创建合适的角色		

【核心能力】

能够熟练运用 CREATE ROLE 语句创建角色。

【任务完成过程】

1．OEM 方式

登录到 OEM 后,单击"管理"下的"角色"超链接,然后在"角色"界面中单击"创建"按钮,进入"创建角色"的"一般信息"选项卡,如图 10-12 所示。创建角色的操作与创建用户的操作类似,读者可参考创建用户的操作。

2．命令行方式

使用 CREATE ROLE 语句可以创建一个新的角色,执行该语句的用户必须具有CREATE ROLE 系统权限。格式如下:

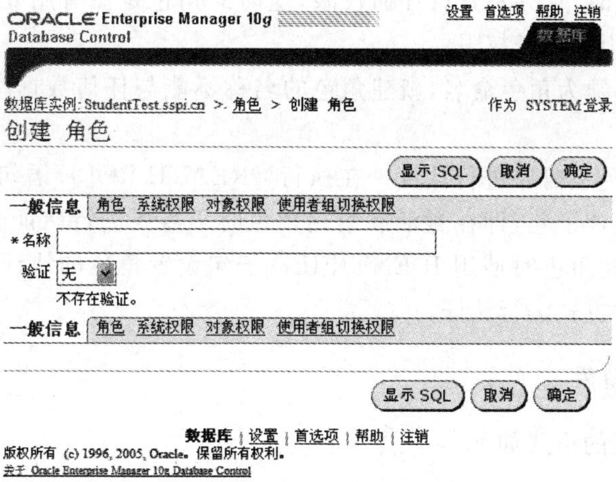

图 10-12 "创建角色"的"一般信息"选项卡

```
CREATE ROLE <角色名>
[NOT IDENTIFIED|IDENTIFIED BY <口令>|
IDENTIFIED EXTERNALLY|IDENTIFIED GLOBALLY];
```

- ROLE：角色关键字；
- NOT IDENTIFIED：表示无验证；
- IDENTIFIED BY：表示以口令方式验证；
- IDENTIFIED EXTERNALLY：表示进行外部验证；
- IDENTIFIED GLOBALLY：表示进行全局验证。

在此以创建 NEWROLE 角色为例，命令代码如下，界面如图 10-13 所示。

```
CREATE ROLE "NEWROLE" IDENTIFIED BY "********";
GRANT "DBA" TO "NEWROLE";
```

图 10-13 创建角色

在角色刚刚创建时,它并不具有任何权限,这时的角色是没有用处的。因此,在创建角色之后,通常会立即为它授予权限。

在创建角色时必须为角色命名,新建角色的名称不能与任何数据库用户或其他角色的名称相同。

与用户类似,角色也需要进行认证。在执行 CREATE ROLE 语句创建角色时,默认使用 NOT IDENTIFIED 子句,即在激活和禁用角色时不需要进行认证。如果需要确保角色的安全性,可以在创建角色时使用 IDENTIFIED 子句设置角色的认证方式。与用户类似,角色也可以使用两种方式进行认证。

3. 授予权限或角色

为角色授予权限的格式如下:

```
GRANT <系统级权限>|<角色>|<对象级权限>[ON<对象名|]
[,<系统级权限>|<角色>|<对象级权限>[ON<对象名|]...]TO<用户名>
[WITH ADMIN OPTION|WITH GRANT OPTION];
```

1) 授予系统权限

例如利用下面的语句可以将相关权限授予用户 ANONYMOUS,如图 10-14 所示。

```
GRANT CREATE USER,ALTER USER,DROP USER TO ANONYMOUS WITH ADMIN OPTION;
```

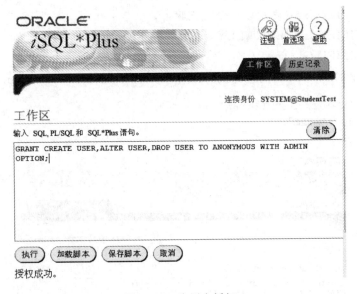

图 10-14　为用户授权

2) 授予对象权限

例如利用下面的语句可以将 CUSTOMER 表的 SELECT 和 INSERT、UPDATE 对象权限授予用户 NEWROLE,如图 10-15 所示。

```
GRANT SELECT,INSERT,UPDATE ON "SYSTEM"."USER" TO "NEWROLE";
```

在授予对象权限时,可以使用一次关键字 ALL 或 ALL PRIVILEGES 将某个对象的所

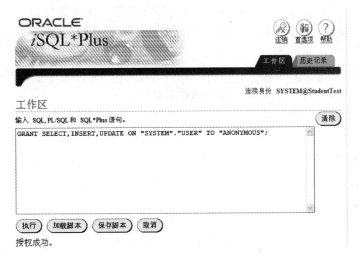

图 10-15　为对象授权

有对象权限授予指定的用户。

3）授予角色

在 GRANT 关键字之后指定角色的名称，然后在 TO 关键字之后指定用户名，即可将角色授予指定的用户。Oracle 数据库系统预定义了 CONNECT、RESOURCE、DBA、EXP_FULL_DATABASE、IMP_FULL_DATABASE 5 个角色。CONNECT 具有创建表、视图、序列等权限；RESOURCE 具有创建过程、触发器、表、序列等权限；DBA 具有全部系统权限；EXP_FULL_DATABASE、IMP_FULL_DATABASE 具有卸掉与装入数据库的权限。

通过查询 sys.dba_sys_privs 可以了解每种角色拥有的权利。

例如利用下面的语句可以将 NEWROLE 角色授予用户 ANONYMOUS，如图 10-16 所示。

```
GRANT NEWROLE TO ANONYMOUS;
```

图 10-16　将角色授予用户

在同一条 GRANT 语句中,可以同时为用户授予系统权限和角色。

如果在为某个用户授予角色时使用了 WITH ADMIN OPTION 选项,该用户将具有以下权利:

(1) 将这个角色授予其他用户,可以使用或不使用 WITH ADMIN OPTION 选项。

(2) 从任何具有这个角色的用户那里回收该角色。

(3) 删除或修改这个角色。

注意:不能使用一条 GRANT 语句同时为用户授予对象权限和角色。

【课堂同步训练】

1. 课堂同步训练的任务描述

(1) 创建角色 GENERAL,由数据库使用口令来验证;

(2) 为用户 ANONYMOUS 授予角色 NEWROLE 和 GENERAL,然后禁用该用户的所有角色。

2. 同步训练的效果展示

(1) 如图 10-17 所示,命令代码如下:

```
CREATE ROLE "GENERAL" IDENTIFIED BY "123456";
```

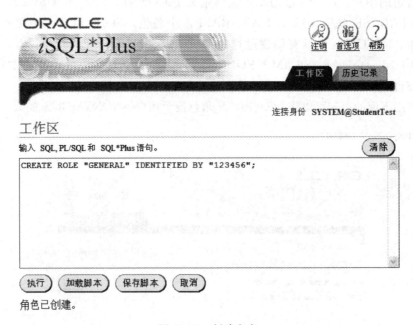

图 10-17　创建角色

(2) 如图 10 18 所示,命令代码如下:

```
GRANT NEWROLE,GENERAL TO ANONYMOUS;
SET ROLE NONE
```

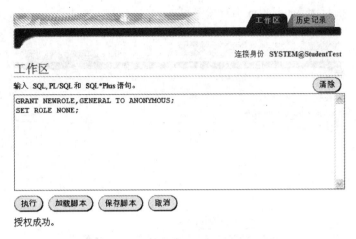

图 10-18   授予角色及禁用角色

任务 10-4   管理角色

表 10-4 所示为本任务的任务卡。

表 10-4   任务卡

任务编号	10-4	任务名称	管理角色
计划课时	0.5	所属项目名称	数据库系统安全管理
任务重点	角色的查看		
任务难点	角色的查看		
教学方法	任务驱动法、分组讨论法、三步训练法、案例教学法		
任务描述	对创建的角色进行管理		

【核心能力】

能够熟练地修改、删除角色。

【任务完成过程】

1．查看角色信息

角色的管理与用户的管理相同,只需要在所有的命令中以角色(ROLE)代替用户(USER)即可。

例如使用命令行方式查看 DBA_ROLES 数据字典中存储的角色信息,如图 10-19所示。

```
DESCRIBE DBA_ROLES;
```

2．改变角色

使用 ALTER ROLE 语句可以改变角色的口令或认证方式。例如利用下面的语句修改 GENERAL 角色的口令(假设角色使用的是数据库认证方式),如图 10-20 所示。

```
ALTER ROLE GENERAL IDENTIFIED BY "111";
```

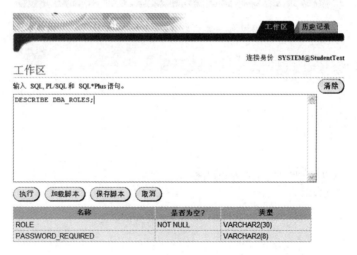

图 10-19　查看角色信息

图 10-20　对角色进行更改

3. 收回权限

使用 REVOKE 语句可以收回已经授予用户(或角色)的系统权限、对象权限与角色,执行收回权限操作的用户同时必须具有授予相同权限的能力。

例如利用下面的语句可以收回已经授予用户 ANONYMOUS 的 SELECT 和 UPDATE 对象权限,如图 10-21 所示。

```
REVOKE SELECT, UPDATE ON "SYSTEM"."USER" FROM ANONYMOUS;
```

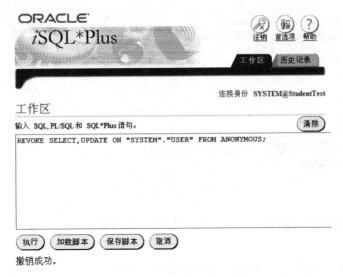

图 10-21　收回用户对象权限

利用下面的语句可以收回已经授予用户 ANONYMOUS 的 CREATE USER 系统权限,如图 10-22 所示。

```
REVOKE CREATE USER FROM ANONYMOUS;
```

图 10-22　收回用户系统权限

利用下面的语句可以收回已经授予用户 ANONYMOUS 的 NEWROLE 角色,如图 10-23 所示。

```
REVOKE NEWROLE FROM ANONYMOUS;
```

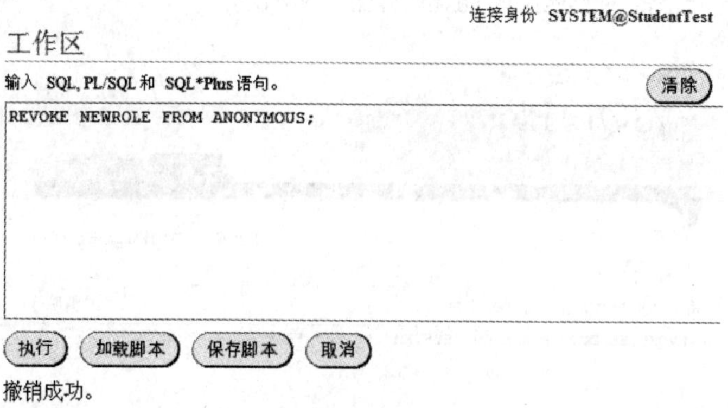

连接身份 SYSTEM@StudentTest

工作区

输入 SQL, PL/SQL 和 SQL*Plus 语句。   清除

```
REVOKE NEWROLE FROM ANONYMOUS;
```

执行   加载脚本   保存脚本   取消

撤销成功。

图 10-23　收回用户的角色

在收回对象权限时,可以使用关键字 ALL 或 ALL PRIVILEGES 将某个对象的所有对象权限全部收回。

例如利用下面的语句可以收回已经授予用户 tempuser 的 CUSTOMER 表的所有对象权限:

```
REVOKE ALL ON CUSTOMER FROM tempuser;
```

4. 激活和禁用角色

一个用户可以同时被授予多个角色,但并不是所有的这些角色同时起作用。角色可以处于两种状态,即激活状态或禁用状态,禁用状态的角色所具有的权限并不生效。

当用户连接到数据库中时,只有他的默认角色(DEFAULT ROLE)处于激活状态。在 ALTER USER 角色中使用 DEFAULT ROLE 子句可以改变用户的默认角色。

例如,如果将用户所拥有的一个角色设置为默认角色,可以使用下面的语句:

```
ALTER USER tempuser DEFAULT ROLE connect,OPT_ROLE;
```

在用户会话的过程中,还可以使用 SET ROLE 语句激活或禁用他所拥有的角色。用户同时激活的最大角色数目由初始化参数 ENABLED ROLES 决定(默认值为 20)。如果角色在创建时使用了 IDENTIFIED BY 子句,则在使用 SET ROLE 语句激活角色时也需要在 IDENTIFIED BY 子句中提供口令。

如果要激活用户拥有的所有角色,可以使用下面的语句:

```
SET ROLE ALL;
```

【课堂同步训练】

1. 课堂同步训练的任务描述

(1) 修改用户 ANONYMOUS,为其设置默认角色 NEWROLE。

(2) 修改用户 ANONYMOUS,禁用该用户的所有角色。

(3) 修改用户 ANONYMOUS,启用该用户的 GENARAL 角色之外的所有角色。

2. 同步训练的效果展示

（1）如图 10-24 所示，命令代码如下：

```
ALTER USER ANONYMOUS DEFAULT ROLE NEWROLE;
```

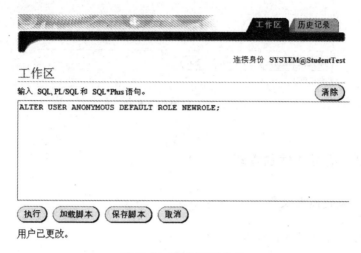

图 10-24 设置默认角色

（2）如图 10-25 所示，命令代码如下：

```
ALTER USER ANONYMOUS DEFAULT ROLE NONE;
```

图 10-25 禁用所有角色

（3）如图 10-26 所示，命令代码如下：

```
ALTER USER ANONYMOUS DEFAULT ROLE ALL EXCEPT GENERAL;
```

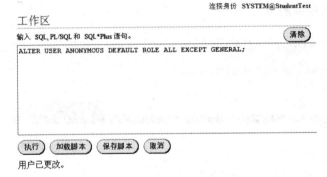

图 10-26　启用所有角色

项目 10.3　概要文件的管理

任务 10-5　创建概要文件

表 10-5 所示为本任务的任务卡。

表 10-5　任务卡

任务编号	10-5	任务名称	创建概要文件
计划课时	1	所属项目名称	数据库系统安全管理
任务重点	概要文件的创建		
任务难点	概要文件的创建		
教学方法	任务驱动法、分组讨论法、三步训练法、案例教学法		
任务描述	根据用户的情况创建概要文件		

【核心能力】

能够熟练地创建概要文件。

【任务完成过程】

1. OEM 方式

登录到 OEM 后,单击"管理"下的"概要文件"超链接,在"概要文件"界面中单击"创建"按钮,进入"创建概要文件"界面的"一般信息"选项卡(见表 10-6),如图 10-27 所示。

表 10-6　"一般信息"选项卡的主要信息

项　目		说　明
名称		概要文件的名称,在同一数据库中是唯一的
详细资料	CPU/会话(CPU_PER_SESSION)	允许一个会话占用 CPU 的时间总量,以 s 为单位
	CPU/调用(CPU_PER_CALL)	允许一个会话 CPU 的时间最大值,以 s 为单位
	连接时间(CONNECT_TIME)	允许一个会话持续时间的最大值,以 min 为单位
	空闲时间(IDLE_TIME)	允许一个会话处于空闲状态的时间最大值,以 min 为单位

续表

项　目	说　明
并行会话(SESSIONS_PER_USER)	允许一个用户进行的并行会话的最大数量
读取数/会话（LOGICAL _ READS _ PER_SESSION）	会话中允许读取数据块的总数
读取数/调用（LOGICAL _ READS _ PER_CALL）	允许一个调用在处理一个 SQL 语句时读取的数据块的最大数量
专用 SGA(PRIVATE_SGA)	在系统全局区(SGA)的共享池中,一个会话可以分配的专用空间量的最大值。专用 SGA 的限值只在使用多种服务器体系结构的情况下适用,以 KB 为单位
组合限制(COMPOSITE_LIMIT)	一个会话耗费的资源总量。一个会话耗费的资源总量是会话占用 CPU 的时间、连接时间、会话中的读取数和分配的专用 SGA 空间量几项的加权和

（"数据库服务"为前四至五行项目的分组行标题）

图 10-27　概要文件的"一般信息"选项卡

概要文件的"口令"选项卡如图 10-28 所示。

概要文件的"口令"选项卡的主要信息如表 10-7 所示。

表 10-7　"口令"选项卡的主要信息

项　目		说　明
口令	有效期(PASSWORD_LIFE_TIME)	限定多少天后口令失效
	最大锁定天数(PASSWORD_GRACE_ TIME)	限定口令失效后第一次用它成功登录之后多少天内可以更改此口令

续表

项　目		说　明
历史记录	保留的口令数（PASSWORD_REUSE_MAX）	指定口令能被重复使用前必须更改的次数。如果指定一个值，保留就会被禁用
	保留天数（PASSWORD_REUSE_TIME）	限定口令失效后经过多少天才可以重复使用。如果指定一个值，保留就会被禁用
复杂性函数（PASSWORD_VERIFY_FUNCTION）		在分配了该概要文件的用户登录到数据库中的时候，允许使用一个 PL/SQL 例行程序来校验口令。PL/SQL 例行程序必须在本地可用，才能在应用该概要文件的数据库上执行
登录失败	锁定前允许的最大失败登录次数（FAILED_LOGIN_ATTEMPTS）	限定用户在登录失败后将无法使用该账号
	锁定的天数（PASSWORD_LOCK_TIME）	在登录失败达到指定次数后，指定该账号将被锁定的天数。如果指定为无限制，则只有数据库管理员才能为该账号解除锁定

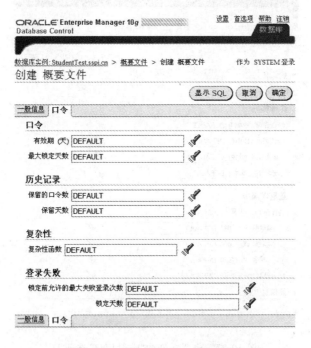

图 10-28　概要文件的"口令"选项卡

2. 命令行方式

使用 CREATE PROFILE 语句可以创建概要文件，执行该语句的用户必须具有 CREATE PROFILE 系统权限。格式如下：

```
CREATE PROFILE "NEWPROFILE"
LIMIT CPU_PER_SESSION DEFAULT
[CPU_PER_CALL DEFAULT]
```

```
[CONNECT_TIME DEFAULT]
[IDLE_TIME DEFAULT]
[SESSIONS_PER_USER DEFAULT]
[LOGICAL_READS_PER_SESSION DEFAULT]
[LOGICAL_READS_PER_CALL DEFAULT]
[PRIVATE_SGA DEFAULT]
[COMPOSITE_LIMIT DEFAULT]
[PASSWORD_LIFE_TIME DEFAULT]
[PASSWORD_GRACE_TIME DEFAULT]
[PASSWORD_REUSE_MAX DEFAULT]
[PASSWORD_REUSE_TIME DEFAULT]
[PASSWORD_LOCK_TIME DEFAULT]
[FAILED_LOGIN_ATTEMPTS DEFAULT]
[PASSWORD_VERIFY_FUNCTION DEFAULT]
```

各参数说明见表 10-6 和表 10-7。

DBA 可以根据需要使用下面的语句修改 DEFAULT 概要文件中的参数设置：

```
ALTER PROFILE DEFAULT LIMIT ...;
```

如果要修改 DEFAULT 概要文件，用户必须具有 ALTER PROFILE 系统权限。任何用户都不能删除 DEFAULT 概要文件。

【课堂同步训练】

1．课堂同步训练的任务描述

使用命令方式创建概要文件 AMYPROFILE，要求空闲时间为 10 分钟，登录 3 次后锁定，有效期为 15 天。

2．同步训练的效果展示

如图 10-29 所示，命令代码如下：

```
CREATE PROFILE "AMYPROFILE"
LIMIT
IDLE_TIME 10
FAILED_LOGIN_ATTEMPTS 3
PASSWORD_LIFE_TIME 15;
```

任务 10-6 为用户分配概要文件

表 10-8 所示为本任务的任务卡。

表 10-8 任务卡

任务编号	10-6	任务名称	为用户分配概要文件
计划课时	1	所属项目名称	数据库系统安全管理
任务重点	为用户分配概要文件		
任务难点	分配概要文件		
教学方法	任务驱动法、分组讨论法、三步训练法、案例教学法		
任务描述	将创建的概要文件进行修改、删除		

图 10-29　创建概要文件

【核心能力】

能够熟练地为用户分配概要文件。

【任务完成过程】

1. OEM 方式

此操作与用户管理操作类似,读者可参考创建用户操作和创建概要文件时对参数设置的说明。

2. 命令行方式

格式 1:

DESC <数据字典 DBA_PROFILES>;(用于查看数据字典中的参数消息)

格式 2:

SELECT <数据字典字段列表>
FROM <数据字典 DBA_PROFILES>
[WHEREexpression];(用于查看概要文件的存储信息)

格式 3:

ALTER PROFILE 语句(修改概要文件)

格式 4:

DROP PROFILE <概要文件名>;(删除概要文件)

格式 5:

ALTER USER <用户名> PROFILE <概要文件名>;(为用户分配概要文件)

【课堂同步训练】

1. 课堂同步训练的任务描述

使用命令方式为用户 ANONYMOUS 分配概要文件 AMYPROFILE。

2. 同步训练的效果展示

如图 10-30 所示,命令代码如下:

```
ALTER USER ANONYMOUS PROFILE AMYPROFILE;
```

图 10-30 分配概要文件

【课外拓展训练】

1. 使用 OEM 方式完成以下操作

创建用户 NEWUSER,查看用户 NEWUSER 的信息,将用户 NEWUSER 添加到 CONNECT 角色。

2. 使用 SQL 语句完成以下操作

(1) 创建用户 ANOTERUSER。

(2) 修改用户 ANOTERUSER。

(3) 收回 ANOTERUSER 用户拥有的能对 SCOTT. BookInfo 表添加记录的权限。

(4) 删除用户 ANOTERUSER。

(5) 创建名为 NEWROLE 的角色,并授予 DBA 角色。

(6) 查看 DBA_ROLES 字典存储的角色信息。

(7) 创建概要文件 NEWPRO,要求空闲时间为 10 分钟,登录 3 次后锁定,有效期为 15 天。

(8) 为 ANOTERUSER 用户分配概要文件 NEWROLE。

【习题】

1. 选择题

(1) 下面是有关系统权限和对象权限的描述,正确的是( )。

    A. 系统权限是针对某个对象操作的权限,对象权限不与数据库中的具体对象关联

    B. 系统权限和对象权限都是针对某个对象操作的权限

    C. 系统权限和对象权限都不与具体的对象关联

    D. 系统权限不与数据库中的具体对象关联,对象权限是针对某个对象操作的权限

(2) 执行下列语句后,Kevin 可以( )。

```
GRANT ALL ON tableA TO Kevin;
REVOKE UPDATE, DELETE ON tableA FROM Kevin;
```

    A. 插入和删除记录到表 tableA   B. 插入和查询记录到表 tableA

    C. 将部分权限授予其他用户   D. 查询和更新表 tableA 的记录

(3) 当用户具有以下( )角色时可以访问数据字典视图 DBA_XXX。

    A. CONNECT   B. RESOURCE

    C. DBA   D. SELECT_CATALOG_ROLE

(4) ( )决定了哪些用户可以在数据库中删除和创建对象。

    A. 语句权限   B. 用户权限   C. 系统权限   D. 对象权限

(5) 下列( )不能在用户配置文件中限定。

    A. 会话的用户数   B. 登录失败的次数

    C. 使用 SGA 区的大小   D. 使用 CPU 的时间

(6) 下列关于概要文件的描述中,正确的是( )。

    A. 无法通过资源配置文件来锁定用户账号

    B. 无法通过资源配置文件来限制用户资源

    C. DBA 可以通过资源配置文件来改变用户密码

    D. DBA 可以通过资源配置文件来设置密码的过期时限

(7) 为了同时指定口令限制和资源限制,需要给用户分配( )个 PROFILE。

    A. 2   B. 3   C. 1

(8) 假设用户 A 将 SELECT ANY TABLE 的权限授予用户 B,并且使用 ADMIN OPTION 选项;用户 B 又将此权限授予用户 C,在 DBA 收回用户 A 的 SELECT ANY TABLE 权限后,下列描述正确的是( )。

    A. 只有用户 B 失去 SELECT ANY TABLE 权限

    B. 只有用户 C 失去 SELECT ANY TABLE 权限

    C. 用户 B 和用户 C 都失去 SELECT ANY TABLE 权限

    D. 没有任何用户失去 SELECT ANY TABLE 权限

(9) 下列( )角色具有 UNLIMITED TABLESPACE 系统权限。

    A. CONNECT   B. RESOURCE

    C. DBA   D. EXP_FULL_DATABASE

（10）当两位用户中的每一位都对一个单独的对象进行了锁定,而他们又要获取对方对象的锁时,将会发生(　　)。

    A. 共享锁　　　　　B. 死锁　　　　　C. 排他锁　　　　　D. 共享更新锁

2．简答题

（1）简述 Oracle 的权限分类。

（2）什么是角色? 简述创建角色的优点。

（3）Oracle 10g 默认的用户及口令是什么? 各有什么身份?

（4）什么是概要文件? 概要文件可以对系统的哪些资源进行限制?

（5）简述对象权限和系统权限的区别。

（6）简述向用户授予对象权限时使用 WITH GRANT OPTION 选项的作用。

（7）创建一个名称为"姓名＋学号"的用户,口令为姓名,并授予其连接数据库和创建表对象的权限,同时授予其访问用户 SCOTT 的 emp 表的权限。

实训　数据库的安全管理

实训目的

（1）掌握用户的建立、修改、查看、删除操作。

（2）掌握角色的建立、修改、查看、删除操作。

（3）掌握概要文件的建立、修改、查看、删除操作。

实训要求

（1）对执行命令和操作过程中遇到的问题及解决方法进行记录,注意从原理上解释原因。

（2）记录利用企业管理器管理用户、角色、概要文件的方法。

（3）记录利用 SQL 语句管理概要文件、用户、权限和角色的命令。

实训内容

1．用户的管理

1）创建用户

（1）利用企业管理器创建"jzzluser＋用户号"用户,密码为"user＋用户号",默认表空间为 jczl_tbs。

（2）利用 SQL 语句创建"jzzluser＋用户号_sql"用户,密码为"user＋用户号＋sql",该用户处于锁状态。

2）查看用户

（1）利用企业管理器查看"jzzluser＋用户号"用户的信息。

（2）利用 SQL 语句查看"jzzluser＋用户号_sql"用户的信息,并查看该用户验证的方式。

(3) 利用 SQL 语句从 DBA_USERS 数据字典中查看"jzzluser＋用户号_sql"用户的默认表空间和临时表空间的信息。

3) 修改用户

(1) 利用企业管理器修改"jzzluser＋用户号"用户,验证方式为外部。

(2) 利用 SQL 语句修改"jzzluser＋用户号_sql"用户,将该用户解锁,并将密码改为"sql＋用户号＋user"。

4) 授予用户权限

(1) 利用企业管理器授予"jzzluser＋用户号"用户 CREATE ANY TABLE、CREATE ANY INDEX、ALTER ANY TABLE、ALTER ANY INDEX、DROP ANY TABLE 和 DROP ANY INDEX 系统权限。

(2) 利用 SQL * Plus 或 iSQL * Plus 授予"jzzluser＋用户号_sql"用户 SYSOPER 系统权限。

(3) 利用企业管理器将"jzzluser＋用户号"用户增加到 SYSTEM 方案中对"建筑材料基本信息"表的查看、修改、删除等对象权限。

(4) 利用 SQL * Plus 或 iSQL * Plus 收回"jzzluser＋用户号"用户在 SYSTEM 方案中对"建筑材料基本信息"表的查看、修改、删除等对象权限。

(5) 利用 SQL * Plus 或 iSQL * Plus 收回"jzzluser＋用户号_sql"用户的 SYSOPER 系统权限。

2. 角色的管理

1) 创建角色

(1) 利用企业管理器创建"jzzlrole＋用户号"角色,赋予该角色能对表、索引、存储过程、序列、同义词进行基本操作的权限。

(2) 利用 SQL * Plus 或 iSQL * Plus 创建"jzzlrole＋用户号_sql"角色,该角色具有 SYSDBA 系统权限,并将该角色赋予"jzzluser＋用户号_sql"用户。

2) 查看角色

(1) 利用企业管理器查看"jzzlrole＋用户号"角色具有的所有权限。

(2) 利用 SQL * Plus 或 iSQL * Plus 查看"jzzlrole＋用户号_sql"角色具有的所有权限。

3) 修改角色

(1) 利用企业管理器修改"jzzlrole＋用户号"角色,增加对角色的基本操作,并收回存储过程和序列的操作权限。

(2) 利用 SQL * Plus 或 iSQL * Plus 修改"jzzlrole＋用户号_sql"角色,收回 SYSDBA 系统权限,而授予 SELECT ANY TABLE 系统权限。

3. 概要文件的管理

1) 创建概要文件

(1) 利用企业管理器创建概要文件"jzzl＋序号_pro",要求此概要文件中 CPU/会话为 1000、读取数/会话为 2000、登录失败次数为 3、锁定天数为 10。

(2) 利用 SQL 语句创建概要文件"jzzl＋序号_pro _sql",其结构与"jzcl＋序号_pro"相同。

（3）利用 SQL 语句将"jzzl＋序号_pro"概要文件赋予"jzzluser＋用户号"用户。

（4）利用 SQL 语句将"jzzl＋序号_pro_sql"概要文件赋予"jzzluser＋用户号_sql"用户。

2）查看概要文件

（1）利用企业管理器查看概要文件"jzzl＋序号_pro"的信息。

（2）利用 SQL 语句从 DBA_PROFILES 数据字典中查看"jzcl＋序号_pro_sql"概要文件的资源名称和资源值等信息。

（3）利用 SQL 语句查看"jzzl＋序号_pro_sql"概要文件中锁定天数的值。

3）修改概要文件

（1）利用企业管理器修改"jzzl＋序号_pro"概要文件,将 CPU/会话改为 4000,将连接时间改为 60。

（2）利用 SQL 语句修改"jzzl＋序号_pro_sql"概要文件,将并行会话设为 20,将读取数/会话设为 DEFAULT。

4. 删除用户、角色和概要文件

1）删除角色

（1）利用企业管理器删除"jzzlrole＋用户号"角色。

（2）利用 SQL * Plus 或 iSQL * Plus 删除"jzzlrole＋用户号_sql"角色。

2）删除概要文件

（1）利用企业管理器删除"jzzl＋序号_pro"概要文件,查看"jzzluser＋用户号"用户的概要文件。

（2）利用 SQL * Plus 或 iSQL * Plus 删除"jzzl＋序号_pro_sql"概要文件,查看"jzzluser＋用户号_sql"用户的概要文件。

3）删除用户

（1）利用企业管理器删除"jzzluser＋用户号"用户。

（2）利用 SQL * Plus 或 iSQL * Plus 删除"jzzluser＋用户号_sql"用户。

常见问题分析

1. 授权重复的问题

A 用户本身具有了对 A 表创建、删除的操作权限,而 B 用户同时具有对 A 表创建、删除的操作权限。当 B 用户授予 A 用户对 A 表的创建、删除的操作权限时,系统不报重复授权的错误。

2. 收回操作权限的问题

当 A 用户授予 B 用户对 A 表的操作权限,B 用户又授予 C 用户对 A 表的操作权限时,如果 A 用户收回 B 用户对 A 表的操作权限,那么 C 用户对 A 表的操作权限不会被级联收回。

3. 收回对象权限的问题

当 A 用户授予 B 用户对 A 对象的操作对象权限,B 用户又授予 C 用户对 A 对象的操

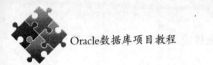

作对象权限时,如果 A 用户收回 B 用户对 A 对象的操作对象权限,那么 C 用户对 A 表的操作对象权限会被级联收回。

常用的系统权限

常用系统权限如表 10-9 所示。

表 10-9　常用的系统权限

对　象	权　限	含　义
用户	alter user	修改用户的权限
	become user	切换用户状态的权限
	create user	创建用户的权限
	drop user	删除用户的权限
索引	alter any index	修改任意索引的权限
	create any index	为任意用户创建索引的权限
	drop any index	删除任意索引的权限
角色	alter any role	修改任意角色的权限
	create role	创建角色的权限
	drop any role	删除任意角色的权限
	grant any role	授予任意角色的权限
表	alter any table	修改任意表的权限
	alter table	修改拥有的表权限
	backup any table	备份任意表的权限
	create any table	为任意用户创建表的权限
	create table	为用户创建表的权限
	commit any table	提交表的权限
	delete any table	删除任意表行的权限
	delete table	为用户删除表行的权限
	drop any table	删除任意表的权限
	index table	给表加索引的权限
	insert any table	向任意表中插入行的权限
	insert table	向用户表中插入行的权限
	lock any table	给任意表加锁的权限
	references table	参考表的权限
	select any table	使用任意表的权限
	select table	使用用户表的权限
	update any table	修改任意表中行的权限
	update table	修改用户表中行的权限
表空间	alter tablespace	修改表空间的权限
	create tablespace	创建表空间的权限
	drop tablespace	删除表空间的权限
	manager tablespace	管理(备份可用性)表空间的权限
	unlimited tablespace	对表空间大小不加限制的权限

对 象	权 限	含 义
视图	create any view	为任意用户创建视图的权限
	create view	为用户创建视图的权限
	delete any view	删除任意视图行的权限
	delete view	为用户删除视图行的权限
	drop any view	删除任意视图的权限
	insert view	向用户视图中插入行的权限
	select view	使用视图的权限
	update view	修改视图中行的权限
簇	alter any cluster	修改任意簇的权限
	alter cluster	修改拥有簇的权限
	create any cluster	为任意用户创建簇的权限
	create cluster	为用户创建簇的权限
	drop any cluster	删除任意簇的权限
	drop public cluster	删除公共簇的权限
序列	alter any sequence	修改任意序列的权限
	alter sequence	修改拥有的序列权限
	create any sequence	为任意用户创建序列的权限
	create sequence	为用户创建序列的权限
	drop any sequence	删除任意序列的权限
	select any sequence	使用任意序列的权限
	select sequence	使用用户序列的权限
快照	alter any snapshot	修改任意快照的权限
	create any snapshot	为任意用户创建快照的权限
	create snapshot	为用户创建快照的权限
	delete snapshot	删除快照中行的权限
	drop any snapshot	删除任意快照的权限
	insert snapshot	向快照中插入行的权限
	select snapshot	使用快照的权限
	update snapshot	修改快照中行的权限
触发器	alter any trigger	修改任意触发器的权限
	create any trigger	为任意用户创建触发器的权限
	drop any trigger	删除任意触发器的权限
数据库	alter database	修改数据库的权限
存储过程	alter procedure	修改拥有的存储过程权限
	create any procedure	为任意用户创建存储过程的权限
	create procedure	为用户创建存储过程的权限
	drop any procedure	删除任意存储过程的权限
	execute any procedure	执行任意存储过程的权限
	execute procedure	执行用户存储过程的权限
资源限制简表	alter profile	修改资源限制简表的权限
	create profile	创建资源限制简表的权限
	drop profile	删除资源限制简表的权限

续表

对　象	权　限	含　义
资源开销	alter resource cost	设置资源开销的权限
回滚段	alter rollback segment	修改回滚段的权限
	create rollback segment	创建回滚段的权限
	drop rollback segment	删除回滚段的权限
会话	alter session	修改数据库会话的权限
	create session	创建会话的权限
	restricted session	创建有限制的数据库会话的权限
服务器	alter system	修改数据库服务器设置的权限
分析	analyze	使用 analyze 命令分析数据库中任意的表、索引和簇
审计	audit any	为任意的数据库对象设置审计选项
	audit system	允许系统操作审计
同义名	create any synonym	为任意用户创建同义名的权限
	create public synonym	创建公共同义名的权限
	create synonym	为用户创建同义名的权限
	drop any synonym	删除任意同义名的权限
	drop public synonym	删除公共同义名的权限
数据库链路	create database link	为用户创建数据库链路的权限
	create public database link	创建公共数据库链路的权限
	drop public database link	删除公共数据库链路的权限
函数	execute function	执行存储函数的权限
存储包	execute package	执行存储包的权限
事务	force any transaction	管理未提交的任意事务的输出权限
	force transaction	管理未提交的用户事务的输出权限
特权	grant any privilege	授予任意系统特权的权限
队列	enqueue any queue	向所有队列中加入消息的权限
	dequeue any queue	向所有队列使消息出队的权限
	manage any queue	在所有方案下允许运行 DBMS_AQADM 的权限

本书使用的数据库

课堂同步训练数据库 student 由班级(class)、专业(speciality)、学生基本信息(student)和系别(department)表组成,如表 A-1~表 A-4 所示。

表 A-1　班级表

中文字段名	英文字段名	数据类型及长度	是否主码	是否为空
班级编码	classID	Char(7)	是	NOT NULL
班级名称	className	Varchar2(12)		NOT NULL
专业 ID	specialityID	Char(5)		NULL
专业名	specialityName	Varchar(30)		NULL
入学年份	entranceYear	Char(4)		NULL
班主任	monitorID	Char(10)		NULL

表 A-2　专业表

中文字段名	英文字段名	数据类型及长度	是否主码	是否为空
专业 ID	specialityID	Char(5)	是	NOT NULL
专业名	specialityName	Varchar(30)		NOT NULL
系 ID	departmentID	Char(3)		NULL

表 A-3　学生基本信息表

中文字段名	英文字段名	数据类型及长度	是否主码	是否为空
学号	studentID	Char(10)	是	NOT NULL
姓名	studentName	Varchar2(10)		NOT NULL
性别	sex	Char(2)		NOT NULL
籍贯	nation	Char(10)		NULL
班级编码	classID	Char(7)		NOT NULL
家庭住址	address	Varchar2(50)		NULL

表 A-4　系别表

中文字段名	英文字段名	数据类型及长度	是否主码	是否为空
系 ID	departmentID	Char(3)	是	NOT NULL
系名	departmentName	Varchar2(20)		NOT NULL
系主任	xiID	Varchar2(10)		NULL

附录B 本书实训部分所用的数据库表——建筑材料租赁系统数据库表

    ××模板租赁站坐落在石家庄市高新技术开发区内,是一个典型的小型模板租赁站,经过近几年的发展,已经由一开始的单一的模板租赁站成长为建筑材料齐全、具备一定经营规模和一定资金实力的建筑材料租赁站。该公司有员工3人,虽然是小型的租赁企业,但其自身独有的优势使其在租赁行业拥有一席之地。

    ××租赁站主要租赁模板、卡子、钢管、扣件等,其租赁业务横跨省内外,由于真诚的态度及良好的信誉使得其租赁业务的发展越来越好。其主要业务如下。

1. 日常管理业务

(1) 建筑材料基本信息的登记:当租赁站新购买了建筑材料后,对建材基本信息的登记及各建材租赁费用的登记。

(2) 租赁业务的登记:当施工单位租赁建筑材料时,租赁站需要对材料的出租情况进行详细的登记,并收取施工单位一定的押金。当施工单位退还建筑材料时,租赁站对归还的建材进行数量登记,并计算所产生的费用。

(3) 客户材料的管理:对施工单位的基本情况进行登记。

(4) 合同的管理:和施工单位和其他租赁站进行租赁业务合同的登记。

(5) 费用的结算:主要是客户租赁费用、借用其他租赁站建筑材料所产生的相关费用。

2. 特殊业务的管理

(1) 报停业务:当租赁站和施工单位双方协商某段时间不收取租赁费用时产生。不收取费用的原因有:由于放假停工等情况,使材料闲置;租赁站给施工单位一段优惠时期,此时期内不产生租赁费用;由于天气、交通等不可抗力原因造成施工单位不能及时返还材料。

(2) 丢失赔偿业务:当施工单位归还建材时,有未退还的建材,租赁站要求施工单位用现金进行赔偿。

Oracle数据库项目教程

（3）多退返还业务：施工单位多退还了建材，最后又归还给施工单位。

（4）折算或收购业务：施工单位有丢失的建材，也有多退的建材，双方协商将多退还的建材进行折算；或没有丢失的建材，只有多退的建材，双方协商将此部分建材进行折算。

建筑材料租赁系统中涉及的表见表 B-1～表 B-14 所示。

表 B-1　建筑材料基本信息表（Material）

字 段 名 称	字段类型	约束关系	允许为空	唯一	注　　释
Material_number	Char(15)	PK	不允许	√	序号
Material_categories	Char(10)		不允许		品名大类
Material_specification	Char(10)		不允许		规格
Material_code	Char(4)		不允许		代号
Material_natural unit	Char(4)		不允许		自然单位
Material_conversion unit1	Char(4)		不允许		换算单位 1
Material_conversion ratio1	Char(10)		不允许		换算比率 1
Material_ conversion unit2	Char(4)				换算单位 2
Material_ conversion ratio2	Char(10)				换算比率 2

表 B-2　租金基本信息表（Money）

字 段 名 称	字段类型	约束关系	允许为空	唯一	注　　释
Money_num	Int	PK	不允许	√	序号
Material_categories	Char(10)		不允许		品名
Money_day	Float		不允许		日租金
Money_type	Char(10)		不允许		类型
Money_specific name	Char(4)				名称

表 B-3　客户基本信息表（User）

字 段 名 称	字段类型	约束关系	允许为空	唯一	注　　释
User_type	Char(10)		不允许		客户类型
User_num	Char(10)	PK	不允许	√	客户编号
User_name	Char(40)		不允许		客户名称
User_addess	Char(50)		不允许		客户地址
User_contract	Char(10)				联系人
User_telephone	Char(15)				联系电话
User_remarks	Char(60)				备注

表 B-4　租赁合同表（Contract）

字 段 名 称	字段类型	约束关系	允许为空	唯一	注　　释
Contract_type	Char(12)		不允许		合同类型
Contract_num	Char(12)	PK	不允许	√	合同编号
User_num	Char(30)	FK	不允许		客户编号
Contract_site addess	Char(50)				工地地址
Contract_startdate	Datetime		不允许		起始日期
Contract_stopdate	Datetime		不允许		终止日期

226

字 段 名 称	字段类型	约束关系	允许为空	唯一	注 释
Contract_contractpeople	Char(10)				联系人
Contract_telephone	Char(15)				联系电话
Contract_rent way	Char(12)		不允许		计租方式
Contract_standard	Char(12)		不允许		价格标准
Contract_remarks	Char(50)				备注

FK：User_num，客户基本信息表（User）。

表 B-5 杂费表（Miscellaneous）

字 段 名 称	字段类型	约束关系	允许为空	唯一	注 释
Miscellaneous_num	Int	PK	不允许	√	序号
Material categories	Char(10)		不允许		品名
Miscellaneous_rent name	Char(20)		不允许		费用名称
Miscellaneous_price	Money				单价
Miscellaneous_billing type	Char(12)				计费单位类型
Miscellaneous_billing name	Char(4)				计费单位名称
Miscellaneous_when	Char(20)				何时自动收取
Miscellaneous_rent type	Char(10)				费用类型

表 B-6 出租表（Rent）

字 段 名 称	字段类型	约束关系	允许为空	唯一	注 释
Rent_num	Char(20)	PK	不允许	√	单据编号
Rent_date	Datetime		不允许		出租日期
User_num	Char(40)	FK	不允许		客户编号
Contract_num	Char(12)	FK	不允许		合同编号
Rent_ miscellaneous	Float				杂费
Rent_people	Char(10)				经办人
Rent_addess	Char(50)				施工地址
Rent_remark	Char(50)				备注

FK：User_num，客户基本信息表（User）；Contract_num，租赁合同表（Contract）。

表 B-7 租赁材料表（Rental material）

字 段 名 称	字段类型	约束关系	允许为空	唯一	注 释
Rental material_num	Char(20)	PK	不允许	√	单据编号
Material_categories	Char(10)		不允许		大类
Material_specification	Char(10)		不允许		规格
Rental material_num	Char(16)		不允许		租赁件数
Rental material_renum	Char(16)		不允许		还租件数
Rental material_price_num	Char(16)		不允许		计价数量
Money_day	Float		不允许		日租金单价
Rental material_remark	Char(50)				备注

表 B-8   租借表（Lease）

字 段 名 称	字段类型	约束关系	允许为空	唯一	注　　释
Lease_num	Char(20)	PK	不允许	√	单据编号
Lease_start	Datetime		不允许		租借日期
Lease_stop	Datetime		不允许		还租日期
User_name	Char(40)	FK	不允许		客户编号
Contract_num	Char(12)	FK	不允许		合同编号
Lease_billing	Float				杂费
Lease_people	Char(10)				经办人
Lease_addess	Char(50)				单位地址
Lease_remark	Char(50)				备注

FK：User_name，客户基本信息表（User）；Contract_num，租赁合同表（Contract）。

表 B-9   结算表（Settlement）

字 段 名 称	字段类型	约束关系	允许为空	唯一	注　　释
Settlement_num	Char(20)	PK	不允许	√	结算单号
Settlement_month	Char(4)		不允许		月份
Settlement_start	Datetime		不允许		开始日期
Settlement_stop	Datetime		不允许		截止日期
Settlement_rent	Float		不允许		租金
Settlement_billing	Float				杂费
Settlement_lost	Float				丢赔费
Settlement_difference	Float				折算差额
Settlement_report_stop	Float				应扣报停费
Settlement_accounts	Float		不允许		应收合计
Settlement_actual	Float		不允许		实际收额
Settlement_owe	Float				还欠金额
Settlement_mode	Char(20)		不允许		计租方式
Settlement_date	Datetime				处理日期

表 B-10   收付款表（Received）

字 段 名 称	字段类型	约束关系	允许为空	唯一	注　　释
Received_num	Char(20)	PK	不允许	√	单据号
Received_date	Datetime		不允许		日期
User_num	Char(40)	FK	不允许		客户编号
Received_people	Char(10)				经办人
Received_type	Char(12)		不允许		类型
Received_amount	Float		不允许		金额
Received_capital	Char(50)				大写金额
Received_unit_people	Char(10)				本单位经办人
Received_remark	Char(50)				备注
Received_collection	Boolean				结算时收的款

FK：User_name，客户基本信息表（User）。

表 B-11 报停表（Stop）

字 段 名 称	字段类型	约束关系	允许为空	唯一	注　　释
Rent_num	Char(20)	PK	不允许	√	报停单号
Stop_start	Datetime		不允许		开始日期
Stop_stop	Datetime		不允许		截止日期
Stop_buckle	Float				应扣报停费

表 B-12 丢失赔偿表（Loss）

字 段 名 称	字段类型	约束关系	允许为空	唯一	注　　释
Rent_num	Char(20)	PK	不允许	√	赔偿单号
Contract_num	Char(12)	FK	不允许		合同号
Loss_date	Datetime				丢赔日期
Material_categories	Char(10)		不允许		大类
Material_specification	Char(10)		不允许		规格
Loss_number	Int		不允许		丢赔件数
Material_natural unit	Char(10)		不允许		单位
Loss_billing_num	Float		不允许		计费数量
Loss_billing_unit	Char(4)				计费单位
Loss_price	Float		不允许		单价
Loss_amount	Float				金额

FK：Contract_num，租赁合同表（Contract）。

表 B-13 多退返还表（Return）

字 段 名 称	字段类型	约束关系	允许为空	唯一	注　　释
Return_num	Char(15)	PK	不允许	√	返还单号
Contract_num	Char(12)	FK	不允许		合同号
Return_date	Datetime		不允许		返还日期
Material_categories	Char(10)		不允许		大类
Material_specification	Char(10)		不允许		规格
Return_number	Int		不允许		返还件数
Return_unit	Char(4)				单位
Return_billing_num	Int				计费数量
Return_billing_unit	Char(4)				计费单位

FK：Contract_num，租赁合同表（Contract）。

表 B-14 用户表（Manager）

字 段 名 称	字段类型	约束关系	允许为空	唯一	注．释
Manage_num	Char(4)	PK	不允许	√	用户号
Manage_name	Char(12)		不允许		用户姓名
Password	Char(12)		不允许		密码

附录C Oracle数据库运用综合实例

通过前面各项目任务的课堂教学、课堂实训等环节的学习和训练,读者对于 Oracle 数据库及数据库对象有了全面的认识、深入的了解,为了让读者能够综合运用所学的知识解决实际的问题,提高对数据库设计的认识,本环节以"ATM 取款机"数据库的创建为例,帮助读者提高管理 Oracle 数据库和数据库对象的操作技能;以"ATM 取款机"的数据库设计为例,帮助读者提高设计数据表的技能,进而加深对 Oracle 数据库基本原理的理解。

ATM 即自动柜员机,又名自动提款机,是指银行在不同地点设置一种小型机器,利用一张信用卡大小的胶卡上的磁带(或晶片卡上的晶片)记录客户的基本资料,让客户可以通过机器进行存/取款和查询等操作。ATM 自动取款查询系统是建立一个联网的柜员机系统,使柜员机能够和处于银行内部的主机相连,共享数据,并提供给客户亲和、方便的操作界面。20 世纪末,金融服务的迅速发展使得银行提款机成为各大银行金融服务战略中的重要一环,同时,银行提款机系统也经历了持续的更新换代,为广大用户提供了更加便捷和人性化的服务。模拟 ATM 系统就是对提款机操作系统在个人 PC 上及主流操作平台上的编程实现,其开发主要包括后台数据库的建立和维护以及前端应用程序的开发制作两个方面。对于前者,要求建立起数据一致性和完整性强、数据安全性好的数据库。

某银行拟开发一套 ATM 取款机系统,实现以下功能:

开户(到银行填写开户申请单,卡号自动生成)、取钱、存钱、转账等。

请读者自行完成该数据库的 E-R 图。

1. 数据库和表的创建

(1) 使用 DBCA 创建数据库。

① 打开 DBCA 组件,创建数据库 ATM。

② 安装完后进入 E:\oracle\product\10.2.0\db_1\install 目录,打开 readme 文件,查看打开 OEM 的 URL。

③ 登录 OEM,管理 ATM 数据库。

(2) 在 ATM 数据库中创建顾客表(UserInfo)、银行卡信息表(CardInfo)和交易信息表

(TransInfo),表结构如表 C-1～表 C-3 所示。

表 C-1　顾客表(UserInfo)

列　　名	数据类型	可否为空	说　　明
CustomerId	Varchar (3)	NOT NULL(主键)	顾客编号
CustomerName	Varchar (8)	NOT NULL	开户名
Sex	Varchar (2)	NOT NULL	性别
PID	Varchar (18)	NOT NULL	身份证号
Telephone	Varchar (13)	NOT NULL	联系方式
Address	Varchar (20)	NULL	居住地址

表 C-2　银行卡信息表(CardInfo)

列　　名	数据类型	可否为空	说　　明
cardID	Varchar (15)	NOT NULL(主键)	卡号
curType	Varchar (8)	NOT NULL	货币种类
savingType	Varchar (8)	NOT NULL	存款类型
openDate	Datetime	NOT NULL	开户日期
openMoney	Varchar (6)	NOT NULL	开户金额
balance	Varchar (9)	NOT NULL	余额
pass	Varchar (6)	NOT NULL	密码
IsReportLoss	Varchar (1)	NOT NULL	是否挂失
customerID	Varchar (3)	NOT NULL(外键)	顾客编号

表 C-3　交易信息表(TransInfo)

列　　名	数据类型	可否为空	说　　明
transDate	Datetime	NOT NULL(主键)	交易日期
cardID	Varchar (15)	NOT NULL	卡号
transType	Varchar (4)	NOT NULL	交易类型
transMoney	Varchar (8)	NOT NULL	交易金额
remark	Varchar (50)	NULL	备注

2. 表数据的插入、修改和删除

(1) 使用 SQL 语句分别向以上三个表中插入如表 C-4～表 C-6 所示数据记录。

表 C-4　UserInfo 表数据

CustomerId	CustomerName	Sex	PID	Telephone	Address
001	赵叶娜	女	130102198111151038	13578425643	建明小区
002	李军	男	130101198210151039	13255552222	石门小区
003	李雪言	女	130105197901051040	13622278399	裕东小区
004	腾远	男	130123198212141041	15678986756	金谈固家园
005	李建国	男	130105198406181042	13298966756	谈固小区
006	连纳	女	130101198303221043	13909000089	国际城

CustomerId	CustomerName	Sex	PID	Telephone	Address
007	胡菲	女	130103198512111044	15187778888	瑞城
008	海涛	男	130102197709011045	13645435467	东苑小区
009	夏雨	男	130102197605111046	13578542314	建明小区
010	刘星	女	130105197106251047	13824534565	建明小区

表 C-5　CardInfo 表数据

cardID	curType	saving-Type	openDate	open-Money	balance	pass	IsReport-Loss	customerID
1010 3576 1212 134	人民币	定期	2007-01-24	10	100	657825	0	001
1010 3576 1212 135	美元	活期	2009-04-12	10	200	117698	0	002
1010 3576 1212 136	人民币	定活两便	2011-08-09	100	300	435778	0	003
1010 3576 1212 137	美元	定期	2003-09-12	500	500	897023	0	004
1010 3576 1212 138	美元	定期	2004-11-12	200	500	325624	0	005
1010 3576 1212 139	人民币	活期	2012-01-22	100	1000	098634	0	006
1010 3576 1212 140	美元	活期	2005-09-23	500	1000	342758	0	007
1010 3576 1212 141	人民币	活期	2008-03-19	10	2000	638964	0	008
1010 3576 1212 142	人民币	定期	2009-09-22	300	600	723819	0	009
1010 3576 1212 143	人民币	定活两便	2013-01-12	500	5000	546258	0	010

表 C-6　TransInfo 表数据

transDate	cardID	transType	transMoney	remark
2013-01-11	1010 3576 1212 138	支取	200	
2013-02-11	1010 3576 1212 142	支取	300	
2013-02-15	1010 3576 1212 143	存入	2000	
2013-03-09	1010 3576 1212 137	支取	300	
2013-03-11	1010 3576 1212 139	支取	700	
2013-05-23	1010 3576 1212 135	存入	1000	

（2）使用 SQL 命令修改各表中的某个记录的字段值。

① 将 UserInfo 表中顾客编号为 003 的顾客的居住地址改为建明小区。

② 将 CardInfo 表中货币种类为"美元"的记录修改为"欧元"。

③ 将 TransInfo 表中的交易金额增加 10 元。

④ 赵叶娜存款 1000 元，刘星取款 500 元。

⑤ 修改李建国和刘星的卡号密码均为 123123。

（3）创建约束。

① 在 UserInfo 表中创建主键约束，主码为 CustomerId，约束名为 pk_UserInfo_CustomerId。

② 创建外键约束，子表 CardInfo 的 customerID 参照主表 UserInfo 中的 customerID，约束名为 fk_user_card_customerID。

③ 创建检查约束，TransInfo 表中的 transType 字段只能输入字符"支取"或"存入"，约束名称为 ck_transType。

④ 在 CardInfo 表的 cardID 字段上创建唯一约束 un_cardID。

（4）修改表。

① 为 UserInfo 表添加一个字段，名为 remark，50 位的变长字符型。

② 为 CardInfo 表添加一个字段，名为 remark，50 位的变长字符型。

（5）创建事务临时表 ttable 保存 CardInfo 表的临时数据，创建会话临时表保存 CardInfo 表的临时数据，比较两个表的差别。

3. 数据库的查询

（1）SELECT 语句的基本应用。

① 查询每个顾客的所有数据。

② 查询每个顾客的地址和电话。

③ 查询 CustomerId 为 004 的顾客的基本信息。

④ 查询 UserInfo 表中女顾客的地址和电话，使用 AS 子句将结果中各列的标题分别指定为地址和电话。

⑤ 找出所有"李"姓顾客的身份证号。

⑥ 找出年龄在 30～35 岁之间的顾客的编号。

⑦ 查询 2009 年开户的卡号。

（2）子查询的使用。

① 查找货币种类为欧元的顾客的情况。

② 查找货币种类为人民币的顾客年龄不低于货币种类为欧元年龄的顾客的姓名。

（3）连接查询的使用。

① 查询每位顾客的情况及住址。

② 查找存款类型为定期并且货币种类为人民币的顾客的情况。

③ 查找开户金额大于等于 200 且存定期的顾客的情况。

（4）数据汇总。

① 计算各种货币类型的顾客数。

② 将各顾客的余额由低到高排列。

③ 计算存款类型为定期的顾客的平均余额。

④ 计算货币类型为美元的顾客的平均开户金额。

⑤ 计算货币类型为人民币的顾客的总人数。

（5）视图索引。

① 为了向客户显示信息友好，查询各表，要求字段全为中文字段名，显示结果为顾客 ID、顾客名、余额。

② 为 CardInfo 表的卡号创建非聚集索引。

（6）综合应用。

① 李军存款 2000 元，海涛取款 200 元，保存交易记录，以便于客户和银行查询。

② 查询余额在 1000 元以内的定期卡号，并显示该卡的相关信息。

③ 催款提醒：查询余额小于 300 元的顾客信息，并致电提醒。

4．用户角色

（1）创建用户。

① 创建一个用户 ph，密码为 oracle。

② 授予连接数据库权限、创建表权限，并允许其将权限转授予其他用户。

③ 设置其默认表空间为 UserInfo，并分配 20MB 的配额。

④ 连接到 ph 账户下，将创建表权限授予 SCOTT。

⑤ 在 ph 账户下创建表 employee，字段为 xm、qx。

⑥ 将 employee 的插入数据权限授予 SCOTT。

⑦ 连接到 SCOTT 账户下，插入一条数据（张梅，UPDATE）。

（2）创建角色。

① 连接到 system 账户下，授予 ph 创建角色的权限。

② 创建一个以自己的姓名的拼音首字母为名字的用户。

③ 连接到 ph 账户下，创建一个角色 gly，密码为 gly。

④ 授予 gly 角色查询 employee 表的权限。

⑤ 将 gly 角色赋予自己的名字的用户。

5．存储过程的使用

（1）创建添加顾客记录的存储过程 UserAdd，通过参数接收顾客信息，然后将数据插入到 User 表中。

（2）调用 UserAdd，向 User 表中插入一条数据，具体数据由自己组织，然后用 SQL 语句查询 User 表，检查存储过程是不是正确执行。

（3）取钱或存钱的存储过程 proc_takeMoney（事务）。

要求：存储过程要输入参数卡号、存取类型（默认为存款）、密码、交易金额。

如果密码不正确，抛出错误"密码不正确"，并停止交易；如果密码正确，还要判断是存、取，若是取，还要判断余额是否足够，如果不够，抛出错误"交易失败！余额不足"。

例如：调用存储过程取钱或存钱，连纳取 300，李雪言存 500。

（4）区分 in、out 和 inout 三类参数。

① 编写一个计算 User 表中指定货币类型顾客人数的存储过程 count_num1，定义一个 in 类型的参数 hblx 用于输入货币类型信息，定义一个 out 类型的参数 person_num 用于输出货币类型人数。

② 编写一个与①相同的存储过程 count_num2，但参数类型都定义为 inout 类型。

③ 分别调用这两个过程，比较两者在参数使用上的不同。

（5）开户的存储过程 proc_openAccount（事务）。

① 产生随机卡号的存储过程 proc_randCardID，使用 output 参数返回产生的卡号。

② 提供用户名、身份证号码、电话、开户金额、存款类型（定/活）、地址。

③ 在开户存储过程中调用产生随机卡号的存储过程获得随机卡号。

例如：

① '王五','334456889012678','2222-63598978',1000,'活期','河南新乡'

② '赵二','213445678912342222','0760-44446666',1,'定期'

（6）转账的事务存储过程 proc_transfer(事务)。

① 传入参数：支取的卡号、存取的卡号,转账金额；

② 在转账的事务存储过程中调用取钱或存钱的存储过程。

例如：从王五的账户转账 200 到赵二的账户。

附录D 课后拓展训练 数据库系统

D.1 图书借阅管理系统

很多学校和单位都有自己的图书馆或阅览室，需要管理大量的图书和期刊杂志。图书借阅管理系统可以有效地管理图书资源，控制图书借阅的流程，对图书馆或阅览室的管理有很大的益处。

下面讲解如何使用 Oracle 开发图书借阅管理系统，此方法具有很强的实用性，可以帮助读者更方便地了解开发 Oracle 数据库应用程序的过程。

图书借阅管理系统的功能如图 D-1 所示。

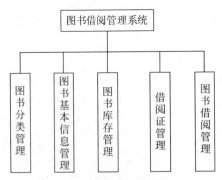

图 D-1 图书借阅管理系统的功能

（1）创建数据库用户：

```
-- 创建用户
CREATE USER BOOKMAN
    IDENTIFIED BY BOOKMAN
    DEFAULT TABLESPACE USERS
    TEMPORARY TABLESPACE TEMP;
```

```
-- 设置角色权限
GRANT CONNECT TO BOOKMAN;
GRANT RESOURCE TO BOOKMAN;

-- 设置系统权限
GRANT UNLIMITED TABLESPACE TO BOOKMAN;
```

（2）创建数据库表，结构设计如表 D-1～表 D-7 所示。

表 D-1 BookType 表

字 段 名 称	数 据 结 构	说 明
TypeId	Number	分类编号
TypeName	Varchar(2,50)	分类名称
Describe	Varchar(2,400)	描述信息
UpperId	Number	上级分类的编号

表 D-2 BookInfo 表

字 段 名 称	数 据 结 构	说 明
BookNo	Varchar(2,50)	书号
BookName	Varchar(2,50)	图书名称
Author	Varchar(2,50)	作者
Publisher	Varchar(2,50)	出版社
Ptimes	Varchar(2,50)	版次
Bprice	Number(8,2)	价格
Btype	Number	图书分类
TotalNum	Number	当前库存

表 D-3 StoreIn 表

字 段 名 称	数 据 结 构	说 明
StoreId	Varchar(2,50)	入库编号
BookNo	Varchar(2,50)	书号
BookNum	Number	入库数量
StorePos	Varchar(2,200)	图书存放位置
EmpName	Varchar(2,50)	经办人
OptDate	Char(10)	入库日期

表 D-4 Books 表

字 段 名 称	数 据 结 构	说 明
BookNo	Varchar(2,50)	书号
BookNum	Number	图书原始数量
CountNum	Number	图书盘点数量
EmpName	Varchar(2,50)	盘点人
CountDate	Char(10)	盘点日期

表 D-5 Cards 表

字 段 名 称	数 据 结 构	说　　明
Cardno	Varchar(2,50)	借阅证编号
DepName	Varchar(2,50)	所属部门
EmpName	Varchar(2,50)	员工姓名
Idcard	Varchar(2,50)	有效证件号码
CreateDate	Char(10)	发证日期
Flag	Number 1	挂失标记

表 D-6 Borrow 表

字 段 名 称	数 据 结 构	说　　明
Bid	Number	编号
BookNo	Varchar(2,50)	书号
Cardno	Varchar(2,50)	借阅证编号
Bdate	Char(10)	借出日期
Rdate	Char(10)	应归还日期
RRDate	Char(10)	实际归还日期/挂失日期
Forfeit	Number(8,2)	超期罚款金额
Flag	Number(1)	借阅标记(0-借阅,1-续借,2-归还,3-挂失)

表 D-7 Users 表

字 段 名 称	数 据 结 构	说　　明
UserName	Varchar(2,50)	用户名
UserPwd	Varchar(2,50)	密码

D.2　进销存系统

在市场经济中,销售是企业运作的重要环节,为了更好地推动销售,很多企业建立分公司或代理制,通过分公司或代理把产品推向最终用户。这些分公司或代理商大多分布在全国各地,甚至在国外,远距离、频繁的业务信息交流构成了这些企业业务活动的主要特点。在传统方式上,公司之间通常采用电传、电报、电话等方式传递订货、发货、到货、压货、换货、退货等信息,总公司的商务部门在接到分公司或代理商传来的订单和银行汇款单据传真件后开具产品出库通知,然后把相关的进、销、存信息手工存档,再对这些信息进行统计分析,才能了解整个公司的生产、销售和库存情况。

这种信息传递和管理的方式不仅效率低,可靠性、安全性和保密性都无法满足要求,而且数据统计时间严重滞后,往往是当领导了解到企业的"进、销、存"环节出现问题时已经远离了问题出现的时间和地点。即便是没有分公司的企业,使用传统的手工方式管理也存在同样的问题。使用进销存管理系统,及时地通过网络把决策信息传递给相关决策人,可以及时发现问题、解决问题,从而更好地把握商业机会。

进销存管理工作的主要任务如下:

- 企业的采购管理；
- 企业的销售管理(批发、零售、连锁)；
- 企业各部门的商品配送管理；
- 企业库存商品的管理；
- 企业应收款、应付款的管理；
- 企业经营状况分析与决策。

进销存管理系统是基于先进的软件和高速、大容量的硬件基础的新型进销存管理模式，通过集中式的信息数据库将企业的进、销、调、存、转、赚等经营业务有机地结合起来，达到数据共享、降低成本、提高效率、改进服务等目的。进销存系统的功能如图 D-2 所示。

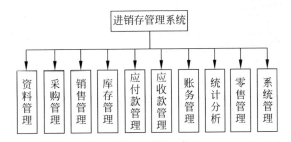

图 D-2　进销存管理系统的功能

(1) 创建数据库 jxcbook。

(2) 创建数据表，结构设计如表 D-8～表 D-16 所示。

表 D-8　商品清单表(goodlist)

字 段 名 称	数 据 结 构	是 否 为 空	是 否 主 键	说　　明
Good_id	Char(14)	NOT NULL	PK	货号
Good_code	Char(14)			条码
Pinyin	Char(40)			拼音编码
Good_name	Varchar(80)			品名
Specification	Varchar(40)			规格
Good_unit	Char(6)			单位
Good_production	Varchar(50)			产地
Good_category	Char(20)			类别
Good_buy	Decimal(28,6)			进货价
Good_price1	Decimal(28,6)			销售价1
Good_price2	Decimal(28,6)			销售价2
Good_low_price	Decimal(28,6)			最低售价

表 D-9　供货商清单表(supplier)

字 段 名 称	数 据 结 构	是 否 为 空	是 否 主 键	说　　明
Sp_id	Char(10)	NOT NULL	PK	供货商号
Sp_pinyin	Char(40)	NOT NULL		拼音编码
Sp_short_name	Varchar(80)			简称
Sp_ name	Varchar(80)			名称

字 段 名 称	数 据 结 构	是 否 为 空	是 否 主 键	说　　　明
Sp_addess	Varchar(40)			地址
Sp_post	Char(6)			邮编
Sp_area_num	Char(6)			区号
Sp_area	Varchar(12)			地区
Sp_type	Char(10)			类型
Sp_phone	Varchar(20)			电话
Sp_fax	Varchar(20)			传真
Sp_telegraph	Varchar(20)			电报
Sp_bank	Varchar(40)			开户行
Sp_bank_post	Char(6)			开户行邮编
Sp_bank_num	Varchar(20)			银行账号
Sp_tax_id	Varchar(20)			税号
Sp_house_add	Varchar(40)			库房地址
Sp_house_phone	Varchar(20)			库房电话
Sp_salesman	Char(10)			业务员
Sp_depart	Varchar(20)			业务部门

表 D-10　客户清单表(customer)

字 段 名 称	数 据 结 构	是 否 为 空	是 否 主 键	说　　　明
Ct_id	Char(10)	NOT NULL	PK	客户编号
Ct_pinyin	Char(20)	NOT NULL		拼音编码
Ct_ short_name	Varchar(80)			简称
Ct_name	Varchar(80)			名称
Ct_contact	Varchar(30)			联系人
Ct_add	Varchar(80)			地址
Ct_post	Char(6)			邮编
Ct_area_num	Char(6)			区号
Ct_area	Varchar(12)			地区
Ct_phone	Varchar(20)			电话
Ct_fax	Varchar(20)			传真
Ct_telegraph	Varchar(20)			电报
Ct_bank	Varchar(40)			开户行
Ct_bank_post	Char(6)			开户行邮编
Ct_bank_num	Varchar(20)			银行账号
Ct_tax_id	Varchar(20)			税号
Ct_property	Varchar(10)			性质
Ct_salesman	Char(10)			业务员
Ct_depart	Varchar(20)			业务部门
Ct_credit	Decimal(28,6)			授信额度

表 D-11　进货单表(supply)

字 段 名 称	数 据 结 构	是 否 为 空	是 否 主 键	说　　明
Supply_id	Char(14)	NOT NULL	PK	编号
Sp_id	Char(10)		FK	供货商号
Supply_date	Datetime			日期
Supply_salesman	Char(10)			业务员
Supply_zhidan	Char(10)			制单人
Supply_accept	Char(10)			验收员
Supply_keep	Char(10)			保管员
Supply_tax_sum	Decimal(28,6)			税价合计
Supply_tax_none	Decimal(28,6)			不含税价
Supply_tax	Decimal(28,6)			税额
Supply_num	Char(14)			订单号

外键使用表：供货商清单表。

表 D-12　进货单明细表(supplydetail)

字 段 名 称	数 据 结 构	是 否 为 空	是 否 主 键	说　　明
Sdt_id	Char(14)	NOT NULL	PK	编号
Supply_id	Char(14)	NOT NULL	FK	进货单号
Good_id	Char(14)	NOT NULL	FK	货号
Sdt_num	Decimal(28,6)	NOT NULL		进货数量
Sdt_price	Decimal(28,6)			进价
Sdt_tax_sum	Decimal(28,6)			税价合计
Sdt_kou	Decimal(28,6)			扣率
Sdt_tax_none	Decimal(28,6)			不含税价
Sdt_tax	Decimal(28,6)			税额
Sdt_house	Char(20)			仓库
Sdt_quality	Varchar(50)			货物质量

外键使用表：进货单表,商品清单表。

表 D-13　销售单表(sell)

字 段 名 称	数 据 结 构	是 否 为 空	是 否 主 键	说　　明
Sell_id	Char(14)	NOT NULL	PK	编号
Ct_id	Char(10)	NOT NULL	FK	客户编号
Sell_date	Datetime			销售日期
Sell_salesman	Char(10)			业务员
Sell_zhidan	Char(10)			制单人
Sell_keep	Char(10)			保管员
Sell_tax_sum	Decimal(28,6)			税价合计
Sell_tax_none	Decimal(28,6)			不含税价
Sell_tax	Decimal(28,6)			税额
Sell_num	Char(14)	NOT NULL		订单号

外键使用表：客户清单表。

表 D-14 销售单明细表（selldetail）

字 段 名 称	数 据 结 构	是 否 为 空	是 否 主 键	说　　明
Selldt_id	Char(14)	NOT NULL	PK	编号
Sell_id	Char(14)	NOT NULL	FK	销售单号
Good_id	Char(14)	NOT NULL	FK	货号
Selldt_num	Decimal(28,6)	NOT NULL		销售数量
Selldt_price	Decimal(28,6)			销售价
Selldt_tax_sum	Decimal(28,6)			税价合计
Selldt_kou	Decimal(28,6)			扣率
Selldt_taxl	Decimal(28,6)			税率
Selldt_tax	Decimal(28,6)			税额
Selldt_house	Char(20)			仓库

外键使用表：销售单表、商品清单表。

表 D-15 库存表（stock）

字 段 名 称	数 据 结 构	是 否 为 空	是 否 主 键	说　　明
Good_id	Char(14)	NOT NULL	PK	货号
Stock_name	Varchar(20)	NOT NULL		仓库
Stock_num	Decimal(28,6)	NOT NULL		库存数量
Stock_money	Decimal(28,6)	NOT NULL		库存金额
Stock_unitprice	Decimal(28,6)	NOT NULL		库存单价
Stock_buy_x	Decimal(28,6)			最新进价

外键使用表：商品清单表。

表 D-16 权限清单表（privileges）

字 段 名 称	数 据 结 构	是 否 为 空	是 否 主 键	说　　明
Pri_id	Int(1,1) identity	NOT NULL	PK	权限序号
User_id	Char(6)			用户编号
Department	Char(20)			部门
Pri_name	Char(6)	NOT NULL		权限名称

D.3　教学管理系统

　　某学校设计教学管理系统，表结构如表 D-17～表 D-21 所示。学生实体包括学号、姓名、性别、生日、民族、籍贯、专业号、简历，每名学生选择一个主修专业，专业包括专业号和名称，一个专业属于一个学院，一个学院可以有若干个专业。学院表要存储学院号、学院名、院长。教学管理还要管理课程表和成绩单表。课程表包括课程号、课程名、学分，每门课程由一个学院开设。学生选修的每门课程获得一个成绩。

　　管理系统还要管理教师的教学安排，教师包括编号、姓名、年龄、职称，一个教师只能属于一个学院，一个教师可以上若干门课程，一门课程可以由多个教师来上，每个教师所上的每门课都有一个课堂号和课时数。

表 D-17 学院表（college）

字 段 名 称	说　　明	类　　型	宽　　度	主键/索引	NULL 值
Cl_id	学院号	Char	2	↑（PK）	
Cl_name	学院名称	Char	16		
President	院长	Char	8		√

表 D-18 专业表（major）

字 段 名 称	说　　明	类　　型	宽　　度	主键/索引	参　照　表	NULL 值
Maj_id	专业号	Char	4	↑（PK）		
Maj_name	专业名称	Char	16			
Maj_category	专业类别	Char	8	↑		
Cl_id	学院号	Char	2	（FK）	学院	

表 D-19 学生表（student）

字段名称	说明	类型	宽度	主键/索引	参照表	约束	NULL 值
Stu_id	学号	Char	8	↑（PK）			
Stu_name	姓名	Char	8				
Stu_sex	性别	Char	2			男 OR 女	
Stu_birthday	生日	Datetime					
Stu_nation	民族	Char	6	↑			
Stu_place	籍贯	Varchar	20				
Maj_id	专业号	Char	6	（FK）	专业		√
Resume	简历	Varchar	80				√

表 D-20 课程表（cource）

字 段 名 称	说　　明	类　　型	宽　　度	主键/索引	参照表	NULL 值
Cour_id	课程号	Char	8	↑（PK）		
Cour_name	课程名	Varchar	24			
Cour_credit	学分	Char	2			
Cl_id	学院号	Char	2	（FK）	学院	

表 D-21 成绩单表（score）

字段名称	说明	类型	宽度	小数	主键/索引	参照表	约束	NULL 值
Stu_id	学号	Char	8		↑（PK）	学生		
Cour_id	课程号	Char	6		↑（PK）	课程		
Score	成绩	Int	4	1			>＝0 AND <＝100	√

D.4　图书销售系统

本系统主要包含以下业务内容。

（1）进书业务：事先采购员根据订书单采购图书，然后将图书入库，同时登记相应的图书入库数据。

本项业务涉及的数据单据和表格有进书单（包括进书单编号、进书日期、金额、经手人等）和进书单细目（一个进书单可能有若干种图书，进书单的细目数据包括每种图书的信息、定价、进价或折扣及数量）以及书库账本（图书信息、库存数量、价格等）。

（2）售书业务：售书员根据读者所购图书填写售书单（如图 D-3 所示），同时修改库存信息。

本项业务涉及和产生的数据表格有售书单（包括售书单编号、售书日期、金额、员工）、售书细目（一个售书单可能有若干种图书，售书细目包括该次售书的书籍编号、售出数量、折扣、售出价格等）以及书库账本，售书单样式如图 D-3 所示。

武汉市新华书店
南湖路门市
1

〈正票〉
销售单号：XS00B08062200001102 　　交易时间：　2008-06-22 10:48:10

序号	编码	书名	数量	价格	折扣	金额
1	9787801601483	高中物理 高中力学（下）	2	14.00	80%	￥ 22.40
2	7801604280002	高中化学实验	2	15.00	80%	￥ 24.00
3	1920300454553	英语词汇的奥秘	1	28.50	100%	￥ 28.50

总品种	3	总册数	3	码洋	￥86.50

〈应收〉	￥74.90	〈实收〉	￥74.90	〈让利〉	￥11.60
〈收款〉	￥100.00	〈找零〉	￥25.10		

　　　　　　收银员：　00B024　　　　　　机号：　03

联系地址：　武汉市洪山区南湖路110号
联系电话：　027-88386001

　　　　　　如有质量问题，请在3日内凭小票进行兑换。

图 D-3　售书单样式

（3）图书查询服务业务：根据读者要求提供本书店特定的图书及库存信息。本项业务涉及的主要数据是书库账本。

（4）综合管理业务：包括进书信息、销售信息、库存信息的查询、汇总和报表输出。本项业务涉及所有的进书数据、销售数据和库存数据等。

（5）处理的数据：在上述 4 项业务中涉及的业务数据包括进书数据、库存数据、销售数据。在这些数据中又涉及图书数据、员工数据等，而图书数据与出版社有关，员工与部门有关。

各数据表如表 D-22～表 D-29 所示。

表 D-22　部门表（department）

字 段 名 称	说　　明	类　型	宽　度	主键/索引	NULL 值
Dp_id	部门号	Char	2	↑（PK）	
Dp_name	部门名	Char	20		
Dp_phone	办公电话	Char	18		√

表 D-23　员工表（employee）

字 段 名 称	说　明	类　型	宽　度	主键/索引	参 照 表	约　　束	NULL 值
Emp_id	工号	Char	4	↑（PK）			
Emp_name	姓名	Char	10				
Emp_sex	性别	Char	2			男 OR 女	
Emp_birthday	生日	Datetime					
Dp_num	部门号	Char	2	↑（FK）	部门		√
Emp_job	职务	Char	10				√
Emp_wage	薪金	Number	20(8)			≥800	

表 D-24　出版社表（publisher）

字 段 名 称	说　　明	类　　型	宽　度	主键/索引	NULL 值
Pub_id	出版社编号	Char	4	↑（PK）	
Pub_name	出版社名称	Char	26		
Pub_address	地址	Varchar	40		
Pub_phone	联系电话	Char	18		√
Pub_contact	联系人	Char	10		√

表 D-25　图书表（book）

字段名称	说明	类型	宽度	主键/索引	参照表	约束	NULL 值
Book_id	图书编号	Char	13	↑（PK）			
Book_isbn	ISBN	Char	22				
Book_name	图书名	Varchar	60				
Book_author	作者	Char	30				
Pub_id	出版社编号	Char	4	（FK）	出版社		
Book_edition	版次	Char	6			≥1	
Book_date	出版时间	Datetime					
Book_class	图书类别	Char	12				
Book_pay	定价	Number	6(2)			>0	
Book_discount	折扣	Decimal	28(6)				√
Book_ num	数量	Int	3			≥0	
Remark	备注	Varchar	80				√

表 D-26　进书单表(booklist)

字 段 名 称	说　明	类　型	宽　度	主键/索引	参　照　表	NULL 值
List_id	进书单编号	Int	10	↑(PK)		
List_date	进书日期	Datetime				
Emp_id	工号	Char	4	(FK)	员工	

表 D-27　进书细目表(bookdetail)

字段名称	说明	类型	宽度	主键/索引	参照表	约束	NULL 值
List_id	进书单编号	Int	10	↑(FK)	进书单		
Book_id	图书编号	Char	13	(FK)	图书		
Bd_num	数量	Int	3				
Bd_discount	进价折扣	Decimal	28(6)			0.0~1	√

表 D-28　售书单表(booksell)

字 段 名 称	说　明	类　型	宽　度	主键/索引	参　照　表	NULL 值
Sell_id	售书单编号	Int	10	↑(PK)		
Sell_date	售书日期	Datetime				
Emp_id	工号	Char	4	(FK)	员工	

表 D-29　售书细目表(selldetail)

字段名称	说明	类型	宽度	主键/索引	参照表	约束	NULL 值
Sell_id	售书单编号	Int	10	↑(PK)	售书单		
Book_id	图书编号	Char	13	(PK)	图书		
Sd_num	数量	Int	10				
Sd_discount	售价折扣	Decimal	28(6)			0.0~1	√

D.5　运网物流管理系统

物流管理系统在不同的物流公司有着自身的特殊性,公司的大小不同,主要面对的对象不同,则业务关系也相对不同。运网物流管理系统主要针对的是中小型物流公司,帮助其实现现代化、信息化的管理,主要实现系统的出港制单、报表打印、进港确认,以及系统管理员的增加、删除、修改等功能。

此系统主要包括进港业务、出港业务、客户管理、同行管理、统计分析、进港财务、出港财务、系统设置,各业务包括的主要内容如下。

(1)出港业务:本公司操作员完成客人所要托运的货物的表单制作,输入货物的基本信息、托运人基本资料和接收人基本资料,然后打印出报表与客人作为托运凭证。

(2)进港业务:公司操作员接收货物信息,确认货物信息中的条形码,确认到货,并通知收货人接收货物。

(3)系统设置:管理员在此管理页面中管理用户、增加用户、设置用户权限、输入和修改管理员基本资料、修改个人的密码。

此系统的功能如图 D-4 所示。

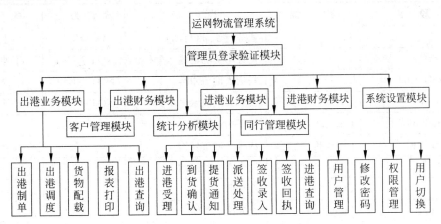

图 D-4 运网物流管理系统的功能

运网物流管理系统的数据表及视图设计如表 D-30～表 D-37 所示。

表 D-30 管理员登录表（Login）

列　名	字 符 类 型	长　度	允 许 为 空	备　注
UserID	Int	4	NOT NULL	主键 ID
LoginName	Char	20	NOT NULL	用户名
UserName	Char	20	NOT NULL	用户姓名
PassWord	Char	16	NOT NULL	用户密码
MemberID	Int	4		Member 表外码
Privilege	Int	4	NOT NULL	用户权限

对 Privilege 中的值进行说明：系统管理员(1)、财务管理员(2)、业务管理员(3)。

表 D-31 用户资料表（Member）

列　名	字 符 类 型	长　度	允 许 为 空	备　注
MemberID	Int	4	NOT NULL	主键 ID
MemberName	Char	20	NOT NULL	用户姓名
MemAddress	Varchar	50		用户地址
MemPhone	Char	12		用户电话
MemMomo	Varchar	40		用户备注

表 D-32 管理员信息用户视图（Login_VIEW）

列　名	字 符 类 型	长　度	允 许 为 空	备　注
UserID	Int	4	NOT NULL	主键 ID
LoginName	Char	20	NOT NULL	用户名
UserName	Char	20		用户姓名
Privilege	Int	4		用户权限
MemAddress	Char	50		用户地址
MemPhone	Char	12		用户电话
MemberID	Int	4		MemberID

表 D-33　业务明细总表（Business）

字　段　名	类　型	说　明	允　许　为　空	备　注
Bus_ID	Int	业务流水号（自动）	NOT NULL	主键
Bus_GoodID	Int	业务中货物的流水号	NOT NULL	外键
Bus_TakeUnitID	Int	托运人的流水号	NOT NULL	外键
Bus_RecverID	Int	收货人的流水号	NOT NULL	外键
Bus_FromStation	Char(20)	从哪个站发货		
Bus_FromCity	Char(20)	从哪个城市发货		
Bus_ToStation	Char(20)	发往哪个联网站		
Bus_ToCity	Char(20)	发往哪个城市		
Bus_AcceptTime	Datetime	业务接洽时间		
Bus_AcceptOpt	Char(20)	业务接洽操作员		
Bus_Cast	Float	业务所需费用		

表 D-34　业务操作日志表（BusinessLog）

字　段　名	类　型	说　明	允　许　为　空	备　注
Log_ID	Int	日志 ID	NOT NULL	主键
Log_BusID	Int	业务流水号	NOT NULL	外键
Log_Time	Datetime	日志产生时间		
Log_Info	Varchar(50)	日志信息		
Log_OptIP	Char(10)	业务操作 IP		

表 D-35　常用包装表（CommonWrap）

字　段　名	类　型	说　明	允　许　为　空	备　注
WrapID	Int	包装类型 ID（自动产生）	NOT NULL	主键
WrapName	Char(20)	包装类名称		
WrapFeq	Int	包装使用频率		

表 D-36　托运人明细表（Entrust）

字　段　名	类　型	说　明	允　许　为　空	备　注
TakeUnit_ID	Int	托运业主 ID（自动产生）	NOT NULL	主键
EntrustManID	Char(18)	托运业主的身份证号码		
EntrustMan	Char(10)	托运业主的姓名		
EntrustUnit	Char(50)	托运业主的单位名称		
EntrustUnitAddress	Varchar(50)	托运业主的地址		
EntrustUnitPhone	Char(13)	托运业主的联系电话号码		
EntrustUnitPost	Char(7)	托运业主的邮政编码		

表 D-37　收货人明细表（Receiver）

字　段　名	类　　型	说　　明	允 许 为 空	备　　注
Recv_ID	Int	收货业主 ID（自动产生）	NOT NULL	主键
RecverManID	Char(18)	收货业主的身份证号码		
RecverMan	Char(10)	收货业主的姓名		
RecverUnit	Char(50)	收货业主的单位名称		
RecverUnitAddress	Varchar(50)	收货业主的地址		
RecverUnitPhone	Char(13)	收货业主的联系电话号码		
RecverUnitPost	Char(7)	收货业主的邮政编码		

附录E 习题答案

项目2 答案

(1) 实体—联系模型的 E-R 图如图 E-1 所示。

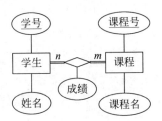

图 E-1　第(1)题的 E-R 图

(2) 概念模型的 E-R 图如图 E-2 所示。

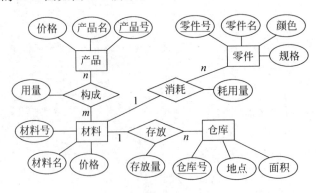

图 E-2　第(2)题的 E-R 图

① 有 4 个实体：产品、零件、材料和仓库。

② 各实体的属性如下：

产品(产品号,产品名,价格)

零件(零件号,零件名,颜色,规格)

材料(材料号,材料名,价格)
仓库(仓库号,地点,面积)
③ 实体间的联系如下:
产品和材料之间的"使用"联系;
材料和仓库之间的"存放"联系,有一个存放量属性;
零件和材料之间的"消耗"联系,有一个耗用量属性;
产品和材料之间的"构成"联系。
(3) E-R 模型如图 E-3 所示。

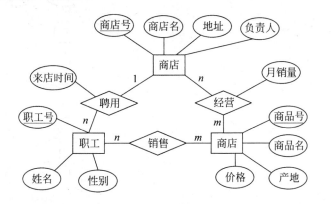

图 E-3　第(3)题的 E-R 图

① 有 3 个实体:商店、职工、商品。
② 各实体的属性如下:
商店(商店号,商店名,地址,负责人)
商品(商品号,商品名,产地,价格)
职工(职工号,姓名,性别,工资)
③ 各实体间的联系如下:
职工和商店之间的"聘用"联系,有一个来店时间属性;
商店和商品之间的"经营"联系,有一个月销量属性;
职工和商品之间的"销售"联系。
(4)
① E-R 图如图 E-4 所示。

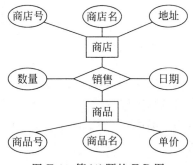

图 E-4　第(4)题的 E-R 图

251

② 关系模型如下：

商店(商店号,商店名,地址)

商品(商品号,商品名,单价)

销售(商店号,商品号,数量,日期)

(5)

① 该计算机管理系统的 E-R 图如图 E-5 所示。

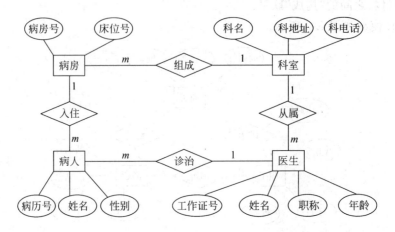

图 E-5　第(5)题①的 E-R 图

② 对应的关系模式结构如下：

科室(科名,科地址,科电话)

病房(病房号,床位号,科室名)

医生(工作证号,姓名,职称,科室名,年龄)

病人(病历号,姓名,性别,主管医生,病房号)

③ 每个关系的候选码如下：

科室的候选码是科名。

病房的候选码是科室名＋病房号。

医生的候选码是工作证。

病人的候选码是病历号。

(6)

① 该系统的 E-R 图如图 E-6 所示。

各实体的属性如下：

工厂：厂名、厂长姓名

车间：车间号、车间主任姓名、地址、电话

工人：职工号、姓名、年龄、性别、工种

仓库：仓库号、仓库主任姓名、电话

零件：零件号、重量、价格

产品：产品号、价格

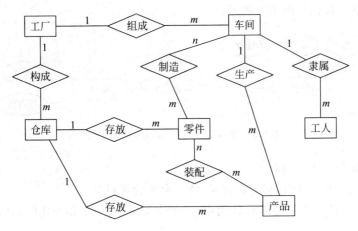

图 E-6　第(6)题①的 E-R 图

② 相应的关系模式如下：

工厂(厂名,厂长姓名)

车间(车间号,车间主任姓名,地址,电话,厂名)

工人(职工号,姓名,年龄,性别,工种,车间号)

仓库(仓库号,仓库主任姓名,电话,厂名)

产品(产品号,价格,车间号,仓库号)

零件(零件号,重量,价格,仓库号)

制造(车间号,零件号)

③ 该系统的层次模型如图 E-7 所示。

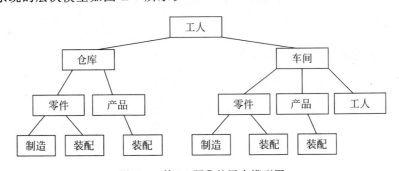

图 E-7　第(6)题③的层次模型图

(7)

① 运动队局部 E-R 图如图 E-8 所示。

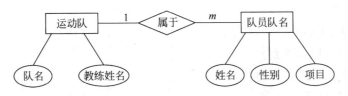

图 E-8　第(7)题①的运动队局部 E-R 图

运动会局部 E-R 图如图 E-9 所示。

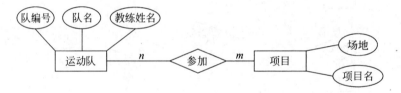

图 E-9 第(7)题①的运动会局部 E-R 图

② 合并结果如图 E-10 所示。

③ 命名冲突：项名、项目名异名同义,统一命名为项目名。

结构冲突：项目在两个局部 E-R 图中,一个作为属性,一个作为实体,合并统一为实体。

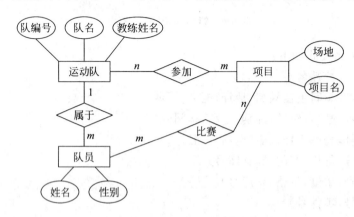

图 E-10 第(7)题②的合并结果

(8)

① 满足要求的 E-R 图如图 E-11 所示。

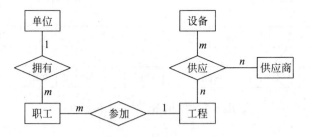

图 E-11 第(8)题①的 E-R 图

各实体的属性如下：

单位(单位名,电话)

职工(职工号,姓名,性别)

设备(设备名,设备号,产地)

供应商(姓名,电话)

工程(工程名,地点)

② 转换后的关系模式如下：

单位(<u>单位名</u>,电话)

职工(<u>职工号</u>,单位名,工程名,姓名,性别)

设备(<u>设备名</u>,<u>设备号</u>,产地)

供应商(<u>姓名</u>,电话)

工程(<u>工程名</u>,地点)

供应(<u>供应商姓名</u>,<u>工程名</u>,设备号,数量)

③ 见②中下划线。

(9)

① 舰队和舰艇两个局部 E-R 图分别如图 E-12 和图 E-13 所示。

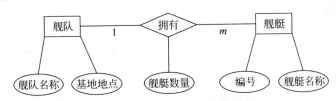

图 E-12　舰队局部 E-R 图

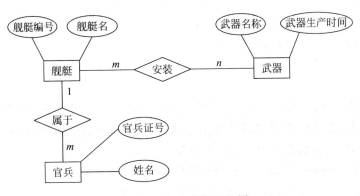

图 E-13　舰队局部 E-R 图

② 将图 E-13 所示的两个局部 E-R 图合并为如图 E-14 所示的全局 E-R 图。

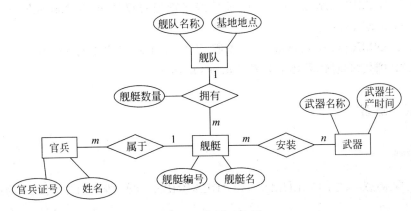

图 E-14　全局 E-R 图

③ 转换的关系模式如下：

舰队(舰队名称,基地地点)

舰艇(舰艇编号,舰艇名称,舰队名称,舰艇数量)

官兵(官兵证号,姓名,舰艇编号)

武器(武器名称,武器生产时间)

安装(舰艇编号,武器名称)

④ 存在冲突,表现在以下两个方面：

• "舰艇编号"和"编号"存在异名同义,合并时统一为"舰艇编号"。

• "舰艇名"和"舰艇名称"存在异名同义,合并时统一为"舰艇名称"。

项目 4 答案

1. 填空题

(1) SYS　　(2)启动和关闭数据库　　(3) 主机名　端口号

(4) Oracle 数据库监听服务　　(5) emctl start dbconsole

2. 选择题

(1) C　　(2) B　　(3) A　　(4) B　　(5) B　　(6) B

3. 简答题

(1) 本题有唯一标准的答案,对于 DBA 的认识应当从以下几个方面作答：首先是 DBA 的概念,其次是 DBA 的任务和作用,最后还要说一说如何能够成为一个好的 DBA。

(2) 以下是 Oracle 数据库中常见的服务项。

• OracleDBConsoleORCL：企业管理器服务。

• OracleJobSchedulerORCL：Oracle 作业调度服务。

• OracleOraDb10g_home1iSQLPlus：iSQL * Plus 服务。

• OracleOraDb10g_home1TNSListener：Oracle 数据库监听服务。

• OracleSNMPPeerMasterAgent：简单网络管理协议(Simple Network Management Protocol,SNMP)。

• OracleSNMPPeerEncapsulator：该服务只有在系统中配置并安装了一个以上的 SNMP 副代理时才需要封装器(Encapsulator)。

项目 6 答案

1. 填空题

(1) CHAR(6)　(2) COLUMN　(3) DESCRIBE　(4) 唯一(UNIQUE)约束

2. 选择题

(1) A、D　(2) A　(3) D　(4) B

3. 编程题

(1)

```
CREATE TABLE   t_student
(
    no Varchar2(11)PRIMARY KEY ,
    name Varchar2(10),
    sex Char(2) default '男'
);
```

(2)

```
CREATE TABLE t_student_score
(
    no Varchar2(11),
    cno Varchar2(10),
    score numberic(3,1) check(score > 0),
    constraint pk_nc PRIMARY KEY(no,cno),
    constraint fk_no FOREIGN KEY (no) references t_student(no)
) ;
```

(3)

```
CREATE TABLE emp
(
    eid number(6),
    ename varchar2(20),
    bdate date,
    sex   char(2),
    city varchar2(20)
);
CREATE TABLE dept
(
    did number(6),
    dname varchar2(20),
    dcity varchar2(20)
);
CREATE TABLE work
(
    eid number(6),
    did number(6),
    startdate date,
    salary integer
```

```
);
ALTER TABLE emp
ADD CONSTRAINT emp_eid_pk PRIMARY KEY(eid);
ALTER TABLE dept
ADD CONSTRAINT dept_did_pk PRIMARY KEY (did);
ALTER TABLE work
ADD CONSTRAINT work_eid_fk FOREIGN KEY(eid) references emp(eid);
ALTER TABLE work
ADD CONSTRAINT work_did_fk FOREIGN KEY (did) references dept(did);
```

4. 数据更新操作

"学生成绩"数据库中包含 3 个数据表,即 student、course 和 score,分别是"学生表"、"课程表"和"成绩表",如表 E-1~表 E-3 所示。

表 E-1 学生表 student 的结构

字 段 名 称	说　　　明	约　　　束
sno	学号	主键
sname	姓名	
sex	性别	
sage	年龄	
sdept	系别	

表 E-2 课程表 course 的结构

字 段 名 称	说　　　明	约　　　束
cno	课程号	主键
cname	课程名	
ccredit	学分	

表 E-3 成绩表 score 的结构

字 段 名 称	说　　　明	约　　　束
sno	学号	主键
cno	课程号	主键
grade	成绩	

(1) 分别向 3 个数据表中插入题中所列的数据,如图 E-15~图 E-17 所示。

(2) 将 student 表中学号为"10003"的学生的年龄改为 20,如图 E-18 所示。

(3) 将 student 表中的系别"软件开发系"改为"软件工程系",如图 E-19 所示。

(4) 将 course 表中"高等数学"课程的学分改为 2 分,如图 E-20 所示。

(5) 删除学号为"20003"的学生的信息,如图 E-21 所示。

258

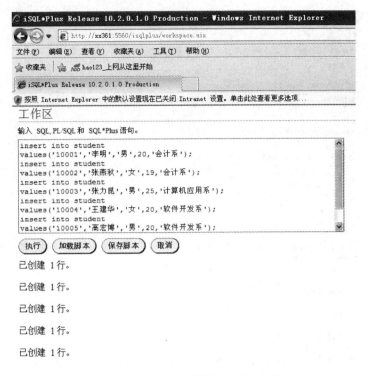

图 E-15　向 student 数据表中插入数据

图 E-16　向 course 数据表中插入数据

图 E-17　向 score 数据表中插入数据

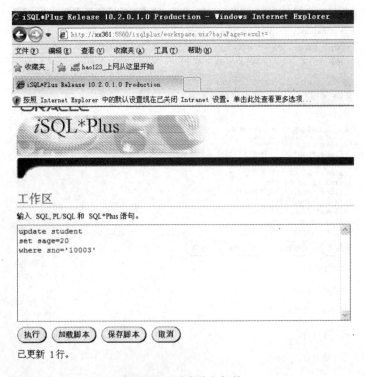

图 E-18　更改学生年龄

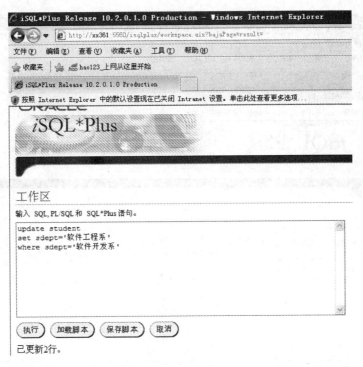

图 E-19　更改系别

图 E-20　更改学分

图 E-21　删除学生信息

项目 7　答案

1. 填空题

(1) WITH READ ONLY
(2) DROP VIEW
(3) BITMAP
(4) 位图索引

2. 选择题

(1) A、B、D　(2) D　(3) C

3. 编程题

(1)

```
CREATE UNIQUE INDEX ix_StudentName
ON STUDENT(NAME);
```

（2）

```
CREATE OR REPLACE VIEW vw_Student
AS
SELECT ID AS 学号,NAME AS 姓名
FROM SC
WHERE ACHI > 60;
```

项目 8 答案

"学生成绩"数据库中包含 3 个数据表,即 student、course 和 score,分别是"学生表"、"课程表"和"成绩表",如表 E-4～表 E-6 所示。

表 E-4 学生表 student 的结构

字 段 名 称	说　　明	约　　束
sno	学号	主键
sname	姓名	
sex	性别	
sage	年龄	
sdept	系别	

表 E-5 课程表 course 的结构

字 段 名 称	说　　明	约　　束
cno	课程号	主键
cname	课程名	
ccredit	学分	

表 E-6 成绩表 score 的结构

字 段 名 称	说　　明	约　　束
sno	学号	主键
cno	课程号	主键
grade	成绩	

（1）查询全体学生的学号、姓名、所在系,如图 E-22 所示。

（2）查询全体学生的详细信息,如图 E-23 所示。

（3）查询软件工程系全体学生的名单,如图 E-24 所示。

（4）查询所有年龄在 20 岁以下的学生的姓名以及年龄,如图 E-25 所示。

（5）查询考试成绩不及格的学生的学号,如图 E-26 所示。

（6）查询年龄在 20～25 岁(包括 20、25)之间的学生的姓名、系别和年龄,如图 E-27 所示。

（7）查询不在信息系、数学系也不在软件工程系的学生的姓名和性别,如图 E-28 所示。

（8）查询所有姓"张"的学生的姓名、学号和性别,如图 E-29 所示。

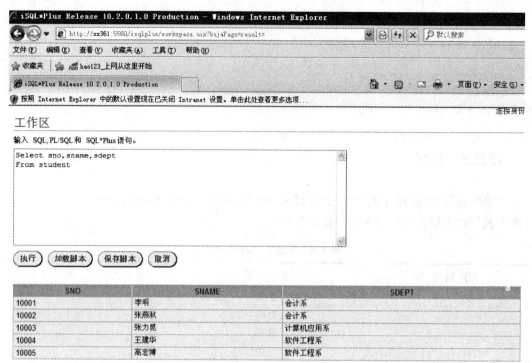

图 E-22　查询全体学生的学号、姓名、所在系

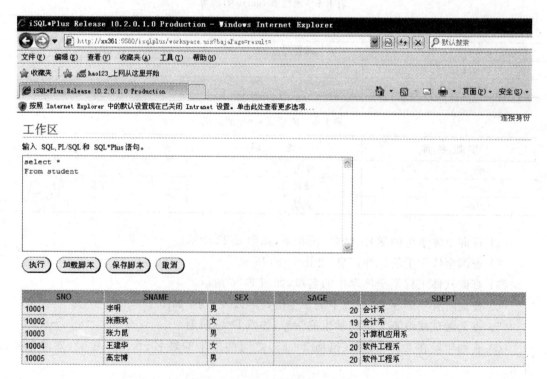

图 E-23　查询全体学生的详细信息

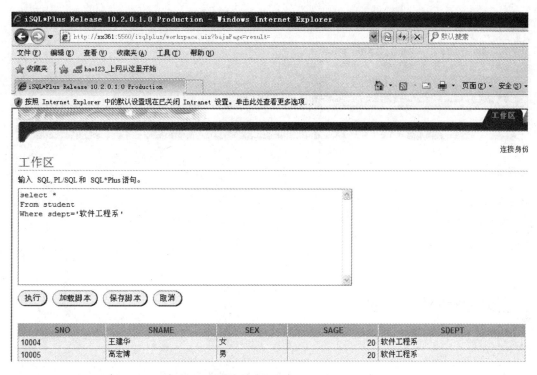

图 E-24 查询软件工程系全体学生的名单

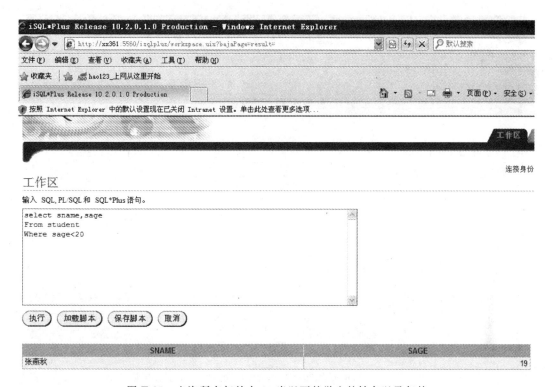

图 E-25 查询所有年龄在 20 岁以下的学生的姓名以及年龄

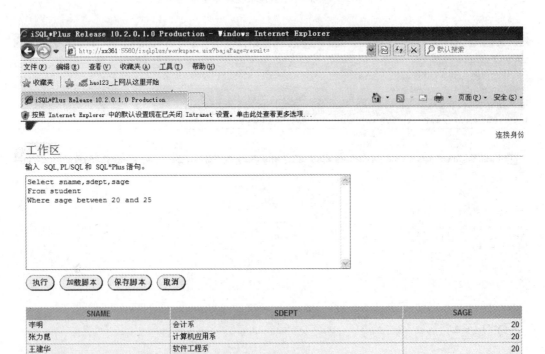

图 E-26 查询考试成绩不及格的学生的学号

图 E-27 查询年龄在 20～25 岁的学生的姓名、系别和年龄

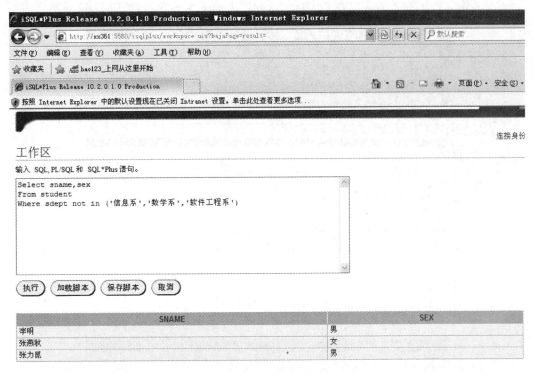

图 E-28 查询不在信息系、数学系、软件工程系的学生的姓名和性别

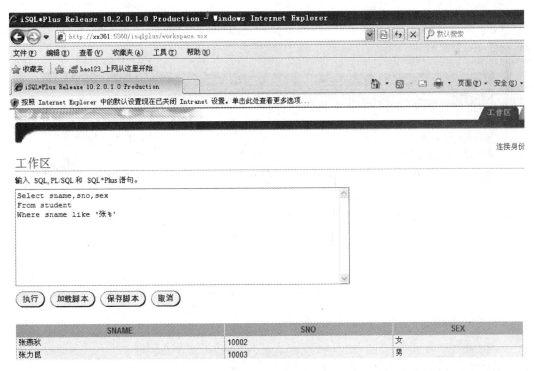

图 E-29 查询所有姓"张"的学生的姓名、学号和性别

（9）查询软件工程系的年龄在 20 岁或 20 岁以下的学生的姓名，如图 E-30 所示。

图 E-30　查询软件工程系的年龄在 20 岁或 20 岁以下的学生的姓名

（10）查询选修了"A0002"号课程的学生的学号及其成绩，查询结果按分数的降序排列，如图 E-31 所示。

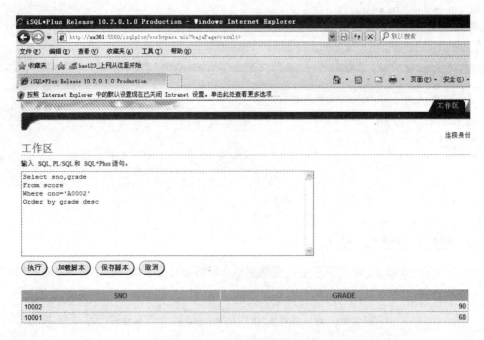

图 E-31　查询选修了"A0002"号课程的学生的学号及其成绩

(11) 查询全体学生的情况,结果按所在系的升序排列,同一系的按分数的降序排列,如图 E-32 所示。

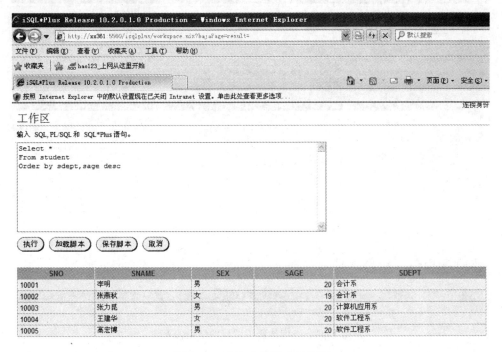

图 E-32　查询全体学生的情况

(12) 统计学生的总人数,如图 E-33 所示。

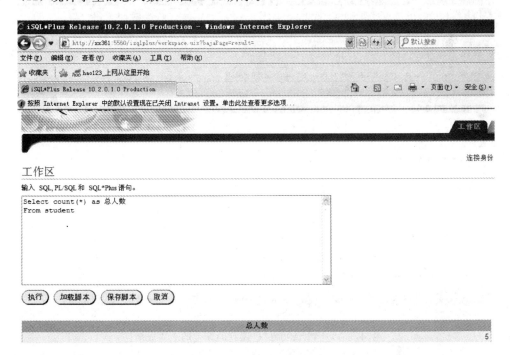

图 E-33　统计学生的总人数

(13) 查询选修了课程的学生的人数，如图 E-34 所示。

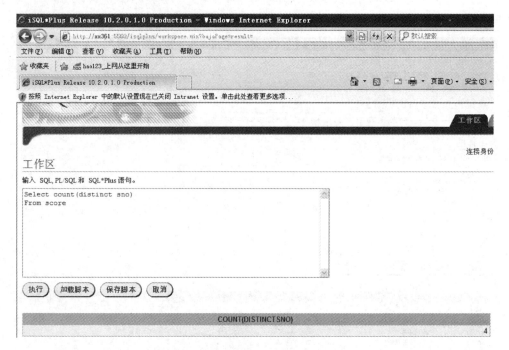

图 E-34　查询选修了课程的学生的人数

(14) 计算"A0001"号课程的学生的平均成绩，如图 E-35 所示。

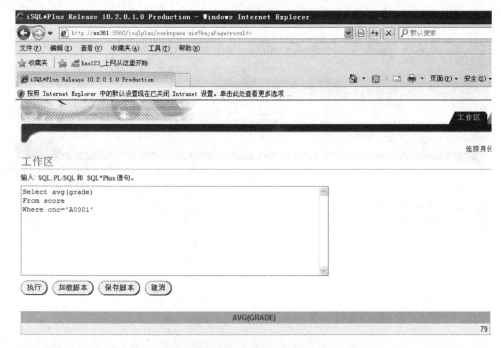

图 E-35　计算"A0001"号课程的学生的平均成绩

（15）查询选修了"A0001"号课程的学生的最高成绩，如图 E-36 所示。

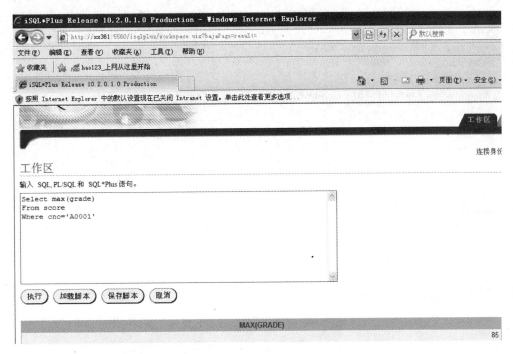

图 E-36　查询选修了"A0001"号课程的学生的最高成绩

（16）求各课程号及相应的选课人数，如图 E-37 所示。

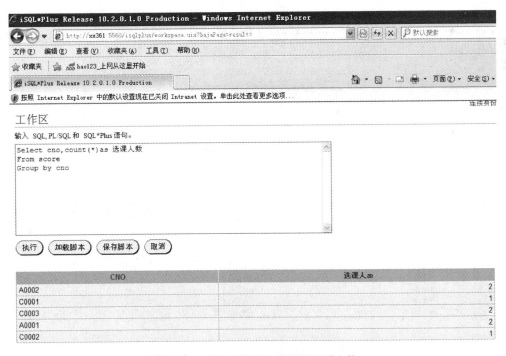

图 E-37　求各课程号及相应的选课人数

(17) 查询选修了 3 门以上课程的学生的学号,如图 E-38 所示。

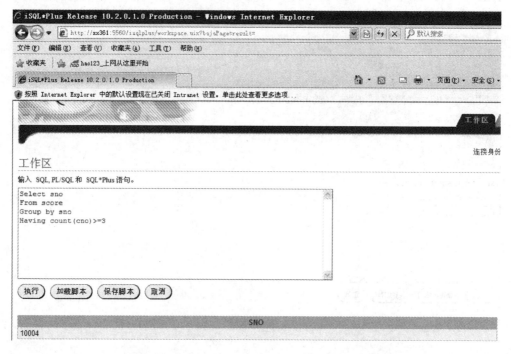

图 E-38　查询选修了 3 门以上课程的学生的学号

(18) 查询每个学生及其选修课程的情况,如图 E-39 所示。

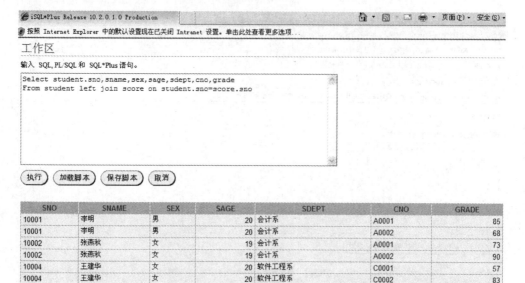

SNO	SNAME	SEX	SAGE	SDEPT	CNO	GRADE
10001	李明	男	20	会计系	A0001	85
10001	李明	男	20	会计系	A0002	68
10002	张燕秋	女	19	会计系	A0001	73
10002	张燕秋	女	19	会计系	A0002	90
10004	王建华	女	20	软件工程系	C0001	57
10004	王建华	女	20	软件工程系	C0002	83
10004	王建华	女	20	软件工程系	C0003	79
10005	高宏博	男	20	软件工程系	C0003	96
10003	张力昆	男	20	计算机应用系		

已选择9行。

图 E-39　查询每个学生及其选修课程的情况

(19) 查询选修了"C0003"号课程且成绩在 90 分以上的所有学生,如图 E-40 所示。

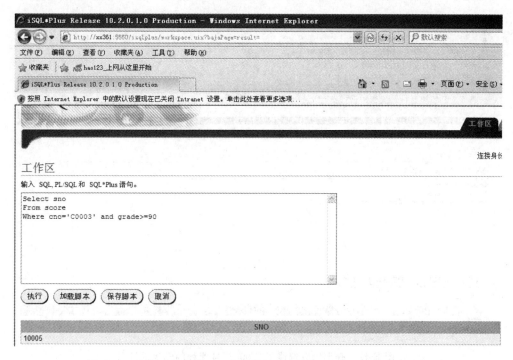

图 E-40 查询选修了"C0003"号课程且成绩在 90 分以上的所有学生

(20) 查询每个学生的学号、姓名及选修的课程名和成绩,如图 E-41 所示。

SNO	SNAME	CNAME	GRADE
10002	张燕秋	会计基础	73
10001	李明	会计基础	85
10002	张燕秋	财务管理	90
10001	李明	财务管理	68
10004	王建华	高等数学	57
10004	王建华	程序设计	83
10005	高宏博	数据库	96
10004	王建华	数据库	79

已选择8行。

图 E-41 查询每个学生的学号、姓名及选修的课程名和成绩

Oracle数据库项目教程

(21) 查询所有选修了"C0003"号课程的学生的姓名,如图 E-42 所示。

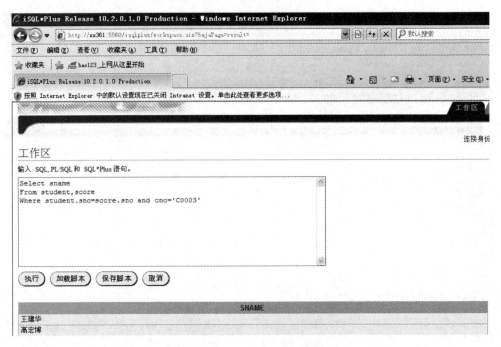

图 E-42　查询所有选修了"C0003"号课程的学生的姓名

(22) 查询选修了课程名为"数据库"的学生的学号和姓名,如图 E-43 所示。

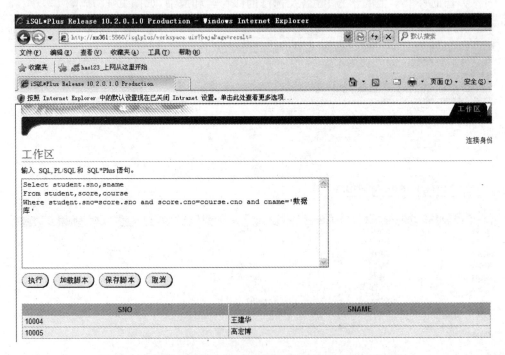

图 E-43　查询选修了课程名为"数据库"的学生的学号和姓名

项目 9 答案

2. 简答题

(1) 创建存储过程,通过输入一个年龄统计相同年龄的学生的人数,如图 E-44 所示。

图 E-44 第(1)题图

(2) 执行上题所创建的存储过程,统计 20 岁的学生的人数,如图 E-45 所示。

图 E-45 第(2)题图

(3) 使用 SELECT 命令查看第(1)题创建的存储过程的相关信息,如图 E-46 所示。

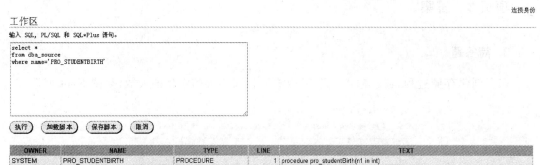

工作区

输入 SQL、PL/SQL 和 SQL*Plus 语句。

```
select *
from dba_source
where name='PRO_STUDENTBIRTH'
```

(执行) (加载脚本) (保存脚本) (取消)

OWNER	NAME	TYPE	LINE	TEXT
SYSTEM	PRO_STUDENTBIRTH	PROCEDURE	1	procedure pro_studentBirth(n1 in int)
SYSTEM	PRO_STUDENTBIRTH	PROCEDURE	2	as
SYSTEM	PRO_STUDENTBIRTH	PROCEDURE	3	num number,
SYSTEM	PRO_STUDENTBIRTH	PROCEDURE	4	Begin
SYSTEM	PRO_STUDENTBIRTH	PROCEDURE	5	select count(*) into num
SYSTEM	PRO_STUDENTBIRTH	PROCEDURE	6	from student
SYSTEM	PRO_STUDENTBIRTH	PROCEDURE	7	where sage=n1;
SYSTEM	PRO_STUDENTBIRTH	PROCEDURE	8	dbms_output.put_line('该年龄的学生共有'||num||'人');
SYSTEM	PRO_STUDENTBIRTH	PROCEDURE	9	end;

图 E-46　第(3)题图

(4) 创建触发器 tri_beforeinsert,该触发器将在向 student 表中添加数据行之前触发触发器,并输出提示信息,如图 E-47 所示。

图 E-47　第(4)题图

(5) 查询上述创建的触发器的相关信息,如图 E-48 所示。

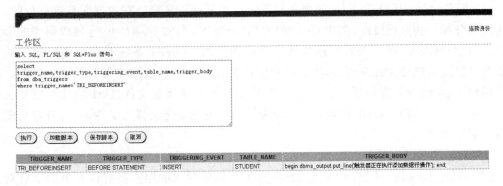

图 E-48　第(5)题图

项目 10　答案

1．选择题

(1) D　(2) B　(3) D　(4) C　(5) C　(6) D　(7) C　(8) D　(9) B　(10) B

2．简答题

(1) Oracle 的权限共分两种，即系统权限和对象权限。

(2) 角色是一组系统权限和对象权限的集合，把它们组合在一起赋予一个名字，使得授予权限变得简单。

角色的优点如下：

① 减少权限管理的工作量：不需要显式地将同一权限组逐个授权给用户，只需将这个权限组授给角色，然后一次性地将角色授权给用户。

② 实现动态权限管理：如果一组权限需要改变，只需修改角色的权限，所有授给该角色的全部用户的安全域将自动地反映对角色所做的修改。

③ 权限的选择具有可用性和灵活性：授权给用户的角色可选择地使其可用或禁用。

④ 应用安全性：角色的安全性通过为角色设置口令进行保护，只有提供正确的口令才允许修改或设置角色。

(3) Oracle 10g 默认的用户及口令如下：

① SYS/change_on_install(或是安装时更改后的口令)

② SYSTEM/manager(或是安装时更改后的口令)

③ SCOTT/tiger

SYS 用户是 Oracle 中的一个超级用户，主要用来维护系统信息和管理实例。数据库中所有的数据字典表和视图都存储在 SYS 模式中。

SYSTEM 用户是 Oracle 中默认的系统管理员，它拥有 DBA 权限，拥有 Oracle 管理工具使用的内部表和视图。通常，通过 SYSTEM 用户管理 Oracle 数据库的用户、权限和存储等。

SCOTT 用户是 Oracle 数据库的一个示范账户，在数据库安装时创建，其初始密码为 tiger。

（4）概要文件（PROFILE）是数据库和系统资源限制的集合。在数据库系统运行时，实例为用户分配一些系统资源，例如 CPU 的使用、分配 SGA 的空间大小、连接数据库的会话数、用户口令期限等，都可以看成是数据库系统的资源。Oracle 系统对每个用户使用的系统资源可以通过概要文件来管理，例如限制用户使用的系统和数据库资源并管理口令。在创建用户时，系统为其提供了一个名为 DEFAULT 的默认概要文件，DEFAULT 概要文件中没有对资源进行任何限制，因此，DBA 应根据需要创建自定义概要文件，并将自定义概要文件分配给用户。

（5）对象权限是指访问其他用户模式对象的权力。Oracle 数据库的对象主要指表、索引、视图、序列、同义词、过程、函数、包、触发器等。创建对象的用户拥有该对象的所有对象权限。对象权限的设置实际上是对象的所有者给其他用户提供操作该对象的某种权力的一种方法。系统权限是指 Oracle 数据库已经规定好的系统权限，用户是不能自己去扩展的。Oracle 数据库中有一百多种不同的系统权限，每一种系统权限允许用户执行一种特殊的数据库操作或一类数据库操作。系统权限只能由 DBA 用户授出，即 SYS、SYSTEM（最开始只能是这两个用户）。普通用户通过授权可以具有与 SYSTEM 相同的用户权限，但永远不能达到与 SYS 用户相同的权限，SYSTEM 用户的权限也可以被收回。

（6）WITH GRANT OPTION 表示被授权的用户、角色可以将相应的对象权限授予其他用户，即对象权限的传递性。

（7）

```
CREATE user 杨玉婷 04 identified BY yangyuting default tablespace users temporary tablespace
temp quota20M ON users;
GRANT CREATE session,CREATE TABLE TO 杨玉婷 04;
GRANT SELECT ON scott.emp TO 杨玉婷 04;
Conn 杨玉婷 04/yangyuting;
CREATE TABLE a(a char);
SELECT * FROM scott.emp;
```

参 考 文 献

[1] 刘志成,薛志良.Oracle 数据库管理与应用实例教程[M].北京:人民邮电出版社,2010.
[2] 吴海波.Oracle 数据库应用与开发实例教程[M].北京:电子工业出版社,2010.
[3] 郑阿奇.Oracle 实用教程[M].3 版.北京:电子工业出版社,2011.
[4] 盖国强.深入解析 Oracle——DBA 入门、进阶与诊断案例[M].北京:人民邮电出版社,2009.
[5] 盖国强.循序渐进 Oracle:数据库管理、优化与备份恢复[M].北京:人民邮电出版社,20011.
[6] Sam R Alapati,等.Oracle 10g 数据库管理艺术[M].北京:人民邮电出版社,2007.
[7] 马晓玉.Oracle 10g 数据库管理、应用与开发标准教程[M].北京:清华大学出版社,2007.
[8] 路川,胡欣杰,何楚林.Oracle 10g 宝典[M].北京:电子工业出版社,2007.

教 学 资 源 支 持

敬爱的教师:

感谢您一直以来对清华版计算机教材的支持和爱护。为了配合本课程的教学需要,本教材配有配套的电子教案(素材),有需求的教师请到清华大学出版社主页(http://www.tup.com.cn)上查询和下载,也可以拨打电话或发送电子邮件咨询。

如果您在使用本教材的过程中遇到了什么问题,或者有相关教材出版计划,也请您发邮件告诉我们,以便我们更好地为您服务。

我们的联系方式:

地　　　址:北京海淀区双清路学研大厦 A 座 707

邮　　　编:100084

电　　　话:010－62770175－4604

课件下载:http://www.tup.com.cn

电子邮件:weijj@tup.tsinghua.edu.cn

教师交流 QQ 群:136490705

教师服务微信:itbook8

教师服务 QQ:883604

(申请加入时,请写明您的学校名称和姓名)

用微信扫一扫右边的二维码,即可关注计算机教材公众号。

扫一扫
课件下载、样书申请
教材推荐、技术交流